울다가도
배는 고프고

라비니야 지음

울다가도 배는 고프고

크룩

책머리에

과거의 나에게 음식은 애(愛)보다는 증(憎)에 가까웠다. 난 겨울잠을 자기 전 두둑이 배를 채우는 찬피 동물처럼 먹는 행위로 스트레스를 풀었다. 음식을 입안에 밀어 넣으면 노르족족했던 마음이 부드럽게 펴지고, 잠시간 위안을 얻을 수 있었다. 떡볶이 양념에 적셔진 오징어튀김, 혀끝을 자극하는 매옴한 마라탕, 바삭한 치킨 한 입 뒤에 넘겨 마시던 탄산은 하루 끝에 얻는 유일한 보상이었다.

당시에 난 지나칠 만큼 많이 먹었고, 음식을 굶려 담은 그릇 앞에서 '더, 더'라는 아귀 같은 굉음을 외쳐댔다. 내 안에 음식을 쏟아 넣어도 채워지지 않은 하수로가 있는 것 같았다. 나를 괴롭혔던 허기짐이 실제 배고픔이 아니라는 것은 뒤늦게 알았다. 미래에 대한 불안, 현실에 대한 비관적 절망은 달군 팬에 콩 볶듯 쉬이 해결할 수 없다는 것을 알았으므로 간단히 한 끼를 때우는 일로 자기 위로를 했다. 식욕의 브레이크를 사용하지 않고 방만히 놓아두는 식으로 현실을 회피한 때였다. 입이 즐거울수록 마음은 괴롭고 몸은 점점 더 무거웠다.

아교질이 풍부한 도가니를 정성 들여 끓이더라도 먹는 사람의 마음에 따라 그 맛과 영양의 깊이는 달라진다. 나의 문제는 음식 자체의 질보다는 양을 조절하지 못하는 것에 있었다. 특히나 배달 메뉴는 최소 주문 금액을 채워야 했기에 대부분 2인 이상의 양을 시켜야 했다. 배달 음식을 자주 먹게 된 뒤로 식욕은 기형적으로 비대한 양을 원했다.

배달 음식으로 끼니를 때우는 몇 년간 부엌은 제 기능을 못했다. 그러던 어느 날, 자주 시켜 먹던 샌드위치나 햄버거가 터분하게 느껴져 손이 가지 않았다. 부엌 앞을 서성이던 끝에 찬장을 열었다. 선반에는 언제 사뒀는지 기억나지 않는 소면과 코인 육수, 조미김이 있었다. 난 간소한 재료를 이용하여 국수를 끓였다. 코인 육수에 국간장을 넣고, 날달걀을 풀어 맛을 낸 국수는 군더더기 없는 맛이었다. 살짝 퍼진 소면과 조미김이 들어간 시시한 국수를 국물까지 말끔하게 비웠다.

그 저녁, 직접 만든 어설픈 한 끼가 썩 괜찮게 여겨졌다. 열중하여 식사를 준비하는 시간뿐 아니라 먹는 과정까지 오롯이 나의 것이었기 때문일까. 온전히 몰입하며 느끼는 평온함이 마음에 안정감을 더했다. 소면이 끓어오르는 때를 집중하여 관찰하고, 조미김을 봉지에 넣어 잘게 부수는 일, 달걀을 깨서 불투명한 국물 안에서 휘휘 저어 고소한 소용돌이를 만드는 행위를 할 때만큼은 복잡한 생각의 뿌리가 성장을 멈추고, 난 이 시간, 자신에게 최선을 다할 수 있었다.

그날을 계기로 직접 끼니를 만들기 시작했다. 시간과 정성을 들이는 과정은 번거롭지만, 식사를 준비하는 건 하루를 시작하고 마무리하는 정결한 의식이었다. 속상했던 마음을 회복하고 싶을 땐 맵싸한 청양고추를 썰어 넣어 얼큰한 떡볶이를 만들었고, 기분 전환을 하고 싶은 날에는 색색의 재료를 넣어 무지개 김밥을 쌌다. 요리 과정에서 복잡했던 마음은 정돈되고, 흐렸던 감정은 말갛게 개었다. 이제 음식은 증(憎)이 아닌 애(愛)에 가깝다. 매끼 마다 나를 북돋워 줄 수 있는 음식을 만들 수 있는 실력도 조금은 갖췄다.

요즘 나는 눈물이 터질 것 같은 날에 채소를 손질하며 상념을 정돈하고, 활기찬 한 날에는 그때에 어울리는 명랑한 한 끼를 고심하며 콧노래를 부른다. 속이 헛헛하거나, 기름진 메뉴를 먹고 자책하는 날이 여러 번 이어진다면, 약간의 정성을 쏟은 한 그릇 요리로 기분 좋게 식사하는 시간을 만들어보면 어떨까. 책에 실려 있는 다양한 이야기가 마음이 헛헛한 당신에게도 갓 지은 밥과 같은 위로로 남았으면 좋겠다.

CONTENTS

Chapter 1. 봄

Chapter 2. 여름

Chapter 3. **가을**

Chapter 4. **겨울**

Chapter 1. 봄

김밥 취향의 변화

재료

밥 2공기
김밥용 김
미나리 적당량
당근 1개
달걀 3개
참기름

양념

소금 약간
깨 적당량
국간장 1큰술
참기름 1큰술

요리 순서

1. 끓는 물에 소금을 넣고 미나리를 데친다.
2. 데친 미나리에 국간장과 참기름을 넣고 무친다.
3. 만들어 둔 당근 라페를 활용하거나 기름에 채 썬 당근을 볶는다.
4. 밥에 참기름과 소금을 넣고 섞는다.
5. 김밥용 김에 밥을 깔고 준비한 재료를 넣고 만다.
6. 먹기 좋은 크기로 김밥을 썬다.

진간장
참기름

미나리, 쑥, 돌나물, 달래 등 겨우내 응축해 둔 향과 맛의 축포를 터뜨리는 봄나물은 단조로운 식단에 변화를 만든다. 오늘은 미나리 전을 부쳐 먹을까, 달래 장을 만들어 구운 김에 곁들일까. 봄에는 봄에 걸맞은 식탁 계획이 촘촘하게 정해져 있다. 신선한 제철 나물을 때에 맞춰 즐기려면 부지런히 움직여야 한다는 걸 알고 있는 나로서는 노곤한 봄 햇살에 고개를 주억거릴 여유가 없다. 철이 지나 맛이 새버리기 전에 모두 즐겨야 한다. 이토록 봄나물에 진심이 돼버린 건 언제부터였을까. 그건 2년 전 접하게 된 비건식 덕택이다.

처음 간 비건 식당에서 고사리 파스타와 봄동 샐러드를 먹으며 탄식이 나왔다. 자극적인 합성 착색료와 설탕에 중독되어 있던 난 볶은 시금치의 달큼함과 장작불에 구워 속살을 벗겨낸 칼솟타다의 부드러운 맛을 뒤늦게 알게 됐다. 입에도 대지 않던 나물의 매력을 느지막이 깨달은 건 비단 나뿐만이 아니었다. 함께 비건 식당을 탐방하는 D는 비트가 텁텁한 흙 맛인 줄로만 알았으나, 채식 요리 클래스를 들은 뒤로 맛에 대한 인상이 뒤바뀌었다고 했다.

"비트가 흙 맛이라는 건 오해야."

D가 비트를 옹호할 때 난 고개를 끄덕였다. ABC 주스를

만들 때면 향긋한 사과와 당근 사이로 거슬리던 맛을 썩 좋아하지 않지만, 채소와 나물에 대한 선입견을 내려놓은 시점이라 그녀의 찬탄을 부정하지 않았다.

비건 음식을 자주 접하게 된 후로 제철 채소를 환대하는 채식 애호가가 되었다. 마트에 가면 장바구니에 돌나물과 달래, 고사리와 방앗잎 등을 담는다. 채소의 맛을 살린 요리의 매력을 느끼자 소란스럽지 않은 간결한 맛을 즐기는 어른이 되었다. 특히 봄나물을 간편하게 즐기기에 제일 좋은 건 김밥이다. 유난히 햇살이 좋은 주말, 점심으로 무얼 먹을까 고민하다 미나리를 집어 들었다. 시장에서 사 온 미나리와 냉이가 냉장고 속을 채운 광경을 보면 단번에 '봄 내음'이라는 단어를 발음하게 된다. 그만큼 미나리는 봄의 맛과 향을 가득 담고 있다.

평화로운 날씨는 많은 곡절을 겪었던 겨울이 하얀 거짓말에 불과하다는 듯 시치미를 떼고 다가왔다. 그 담담한 변화에 탄식하며 손은 김과 밥 사이의 밀도 있는 연결을 위해 움직인다. 김밥을 쌀 때, 김과 밥 사이가 풀어진 옷섶처럼 흐트러지지 않도록 손끝에 힘을 주어 마는 게 중요하다. 김밥 재료는 때마다 다르지만, 이날은 당근 라페, 지단, 우엉을 넣었다. 미나리는 다져서 참기름과 소금을 넣어 간을 한 밥에 미리 섞어 두었다. 각 재료를 적당량 집어 고르게 핀 밥 위에 얹고 돌돌 말면 금세 한 줄이 완성된다.

밥을 넉넉하게 간하여 김밥은 세 줄이나 만들어졌다. 자른 김밥을 그릇에 옮겨 담아 식탁 위에 놓았다. 단면으로 색색의 재료가 옹기종기 모인 자태를 눈으로 즐긴 뒤 입으로 한 개 가져갔다. 씹는 순간 찰진 밥알 사이로 스민 미나리의 그윽한 향취에 기분이 들떴다. 얼은 땅이 녹으며 서서히 봄이 오고 있음을 알려주는 풋풋한 맛이었다. 김밥을 먹으며 머릿속으로 냉장고에 잠들어있는 냉이의 생사를 되짚었다. 내일 점심에는 냉이 김밥과 쫄면을 먹어야겠다는 또 다른 식사 계획이 자연히 머릿속에서 그려졌다.

입안에서 만들어내는 복합적인 맛은 아쉬울 만큼 짧은 봄을 닮아서 감질난다. 먹고 나면 또 생각나서 입맛을 다시게 되는 김밥, 김밥으로 든든하게 속을 채우려면 몇 줄을 먹어야 할까. 속 재료에 따라 맛의 스펙트럼이 넓은 음식으로 단연 김밥만 한 건 없을 거라고 장담하며 남아있는 꼬투리를 단숨에 먹었다. 시간은 계단식으로 쌓이는 게 아닌 흙담 위로 고목이 쓰러지듯 순식간에 무너져 내린다. 생각에 잠겨 있을 때, 아득한 기억 속에서 고슬고슬한 밥을 뜨던 엄마의 음성이 되살아났다.

"그래서 매 순간 아쉬움이 남지 않도록 즐겨야 해."

어렸을 때 엄마는 치즈 김밥을 자주 싸주었다. 고소한 참기름 냄새에 코를 벌름거리며 일어난 소풍날 아침 식사는 당연히 치즈 김밥이었다. 당시 학교에서 소풍을 어디로 갔는지, 친구들과 무엇을 하며 놀았는지 기억나지 않지만, 식탁 위에 층층이 쌓여 있던 김밥 탑만큼은 또렷하게 생각난다. 엄마는 타원형 도시락 안에 김밥을 가득 담아주었다. 김밥이 들어가기에는 애매한 구역에는 게맛살을 어슷하게 썰어 넣었다. 엄마가 싸준 도시락에 대한 추억 덕택에 여전히 난 봄을 연상하면 김밥을 그리워하고, 그 맛을 찾는 습관이 생긴 것 같다.

"나이 드니까 짠 게 싫어."

엄마는 간이 센 음식은 입에 맞지 않는다고 했다. 엄마의 입맛이 바뀌듯 어느샌가 나도 즐겨 먹는 음식이 달라졌다. 전에는 질색하던 미역 줄기의 오독오독한 짠 기에 재미를 느끼고, 아빠가 먹는 모습만 지켜볼 뿐 젓가락을 가져가지 않았던 취나물도 요즘은 없어서 못 먹는다. 내 입맛은 알게 모르게 엄마가 즐겨 먹는 음식 취향을 따라가거나, 유년의 한 시절을 풍성하게 채웠던 우리 집 식탁 풍경과 닮아갔다.

꼬마 시절의 난 치즈 김밥을 좋아했지만, 지금은 나물을 듬뿍 넣은 김밥을 즐긴다. 그 변화가 신기하게 느껴지는 한편 바뀐 모습이 나쁘지 않았다. 더는 치즈 김밥만 고집하는 꼬마가 아니라는 점도, 엄마의 입맛을 따라 손이 안 가던 음식 맛을 깨우친 것도 자연스러운 수순으로 느껴진다. 흘러가는 시간을 붙들 수 없지만, 누릴 방법이 있다는 건 나이가 들면서 깨달은 소박한 진리다. 그 방법이란 오늘처럼 향긋한 미나리 김밥을 먹으며 계절을 느끼는 것이다. 시시각각 달라지는 하늘과 바람의 온도를 알아차리고, 내년 봄, 내 후년 봄에 먹게 될 향긋한 초록의 맛을 기대해 보는 정도면 충분하지 않을까.

채소가 맛있어지는 마법

참나물 샐러드

재료

참나물 한 줌
양파 반개

양념

설탕 약간
소금 약간
식초 2큰술
들기름 1.5큰술

요리 순서

1. 참나물을 먹기 좋은 크기로 자른다.
2. 양파 반개를 가늘게 채 썬다.
3. 양념을 만든 뒤 참나물과 양파에 넣고 살살 뒤섞는다.

분주히 부엌에서 움직이는 날, 신선한 채소의 기분에 대해 생각한다. 파릇파릇한 양상추를 잘게 자르고, 채 썬 오이와 사과, 완두콩을 장식용 단추처럼 투명한 유리그릇에 와르르 쏟아 넣는다. 여기에 으깬 고구마나 감자를 마요네즈에 버무리면 한 끼가 완성된다. 샐러드는 계절의 색과 맛, 향을 양껏 즐길 수 있는 요리라 빠지지 않고 식탁에 놓는다.

샐러드는 그냥 먹는 것도 좋지만 빵 위에 얹으면 샌드위치와 다른 풍성한 맛을 느낄 수 있어 아침 식사로 자주 찾는다. 드레싱에 따라 맛의 변주가 다르다는 것도 매력인데 아삭한 양상추나 허브를 섞어 씹을 때의 식감은 군더더기 없이 청량하다. 포만감 있는 영양을 함유한 것은 물론이고, 입에 터분함을 남기지 않는 단정한 음식이라는 인상을 받게 되는 샐러드. 샐러드는 먹을수록 성숙한 음식이라 생각한다.

샐러드를 기피하던 시절도 있었다. 유치한 입맛의 소유자가 받아들이기에 그 어떤 꾸밈도 없는 채소는 매력없게 느껴졌다. 그러나 요즘은 싱그러운 풀잎을 보면 냅다 반색하게 되었다.

건강한 식생활을 떠올리면 가장 먼저 생각나는 건 헬렌

니어링이다. 환경 운동가인 헬렌 니어링은 평생 병원을 가지 않고 건강한 몸으로 장수하였다. 그녀는 『헬렌 니어링의 소박한 밥상』헬렌 니어링, 디자인하우스, 2018에서 자연주의 식사를 강조했는데, 드레싱에 올리브 오일과 발사믹 식초만 더해서 채소 본연의 맛을 그대로 섭취해야 한다고 말했다. 니어링 부부가 실천한 식생활을 그대로 따라 하는 건 쉽지 않지만, 자연과 가까운 삶을 실현했다는 점에서 그녀의 지론이 담긴 저서를 흥미롭게 읽었다. 지금도 식사할 땐 니어링 부부의 책을 종종 읽는다.

무엇을 먹느냐에 따라 몸 상태가 달라지기에 건강한 식생활은 중요하다. 이 과정에서 간과해선 안 되는 건 지속성이다. 큰 비용이 든다면 유지하기 어렵고, 복잡한 조리도 실천하는 것에 무리가 있다. 그런 면에서 헬렌 니어링의 요리법은 부담 없이 시도할 만하다. 그녀는 직접 재배한 채소로 샐러드를 만들거나 과일을 갈아 주스를 마시고, 재배한 허브로 차를 우렸다. 채소의 단정한 맛은 그녀의 삶을 풍성하게 만들어주었다.

샐러드를 자주 먹게 되면서부터 일상이 단정하게 정돈된 것을 느낀다. 꽉 막힌 아랫배가 가벼워지고 둔중했던 몸은 날아갈 것 같다. 속이 허할 땐 감자와 고구마, 새우와 달걀, 콩, 퀴노아를 한 그릇에 담아낸다. 색감과 맛은 이보다 더 좋을 수 없다. 특히 요즘은 향긋한 참나물을 자주 먹는다. 참나물에 곱게 채 썬 양파와 식초, 설탕, 들기름과 깨소금을 넣어 뒤섞는다. 참나물 샐러드는 단독으로 먹어도 좋지만 고기에 곁들여도 어울린다.

과거에는 미각을 사로잡는 맛에 현혹되기 일쑤였지만 이젠 어떤 맛이든 진중하게 음미할 수 있게 됐다. 더 나아가 맛의 스펙트럼을 점진적으로 따라가는 부드러운 여유도 배웠다. 요리란 삶의 한 축으로서 나를 성실히 돌보는 기술 중 하나다. '어떤 재료로 음식을 만들어 스스로를 대접하는가' 하는 문제로 삶은 결정된다.

숙성의 시간이 필요한 때

프렌치 토스트

재료

통 식빵

달걀 3개

양념

우유 100ml

생크림 100ml

메이플 시럽 적당량

설탕 약간

소금 약간

버터 2큰술

요리 순서

1. 달걀물에 생크림, 우유, 소금과 설탕을 골고루 풀어준다.
2. 풀어준 달걀물에 통 식빵을 넣고 반나절 숙성한다.
3. 숙성한 식빵을 버터를 녹인 팬에 넣고 앞뒤로 노릇하게 굽는다.
4. 프렌치 토스트 위에 메이플 시럽을 듬뿍 뿌리고 과일로 장식한다.

Fresh Cream
생크림
Maple Syrup
우유100%
우유100%

지금 사는 곳에서 연희동은 가깝지 않지만, 굳이 일을 만들어서 들른다. 그 이유는 프렌치 토스트 때문이다. 한 시간여를 이동한 끝에 홍제역에서 내려 한 번 더 버스를 탄다. 정류장에서 내린 뒤 좁은 계단과 비탈진 길을 지나친다. 이 골목을 걸을 땐 6/8박자 느린 템포가 어울린다. 정돈되지 않은 보도블록 틈바구니로 피어난 계절의 향기, 낮은 담벼락에 널린 빨래와 낯선 이방인을 슬그머니 관망하는 가로등의 시선이 정겨운 연희동은 올 때마다 안락한 느낌이 든다. 이 여유를 길게 이어가고 싶은 마음에 만유하며 걷는다. 주택가의 집들은 옴팡진 등을 맞대고 나직나직 들어서 있었다. 한적한 골목, 가까운 거리에서 흐르는 내천을 따라가다 보면 도심에서도 온건한 자연의 감각을 잃지 않을 수 있을 것 같다.

발이 익다 싶은 길목을 걸어 도착한 카페에 들어서면 어김없이 프렌치 토스트를 주문한다. 이 카페의 프렌치토스트가 가진 특징을 꼽는다면, 식빵이 아닌 바게트로 만들어졌다는 점이다. 표면이 딱딱한 브랑제리가 아닌 버터와 달걀이 함유된 비엔누아즈 계열을 이용한 게 아닐까 싶을 만큼 부드러운 식감이다. 한입에 넣기 좋은 빵 사이로 계절 과일이 아기자기한 장식처럼 놓여있다. 과일과 빵을 한 번에 먹으면 짜증 섞인 갈등도 녹아버릴 것 같다. 프렌치토스트란 달걀물을 입

혀 구운 빵이기에 예상할 수 있는 맛이라 생각하기 쉽다. 그러나 이곳의 프렌치토스트는 밀도 높은 맛의 조직력을 갖추고 있다. 미각을 자극하는 신경질적 단맛이나 그악스러운 자극 없이 넘어간다. 먹고 난 뒤에는 '아 오늘 열심히 살았다고 말해주는 것만 같아.'라는 느낌을 술회하게 된달까.

달걀물을 응축한 빵은 노릇한 겉면과 달리 내부가 녹실하고 포근했다. 달걀물을 살짝 묻힌 정도였다면 이토록 누긋누긋한 맛이 날 리 없다. 난 비어가는 접시를 보며 아쉽다는 말을 중얼거렸다. 집에서 만든 프렌치토스트는 달걀물이 베 돌며 표면에만 살짝 묻은 정도라 흩뿌린 설탕 맛으로 먹곤 했다. 이 맛의 비법은 무엇일까. 맛의 깊이를 만든 재료가 무엇인지 고민하던 때에, 요리에 조예가 깊은 H님이 한가지 조언을 건넸다. 주말에 아내를 위해 만든 프렌치토스트 사진을 보여주는 그의 이야기라면 충분히 신뢰할 만했다. 그로 말할 것 같으면, 집에서 돈코츠 라멘을 만드는 건 예삿일에, 동료들을 초대하여 애피타이저로 감자 수프부터 수제 피자, 디저트로 당근 머핀까지 대접할 정도로 음식에 관해선 능통했다.

"프렌치토스트를 만들 때 핵심은 세 가지야. 첫 번째는 빵 자체가 맛있어야 하고, 두 번째는 우유와 설탕 외에 생크림을 넣어야 부드러운 풍미가 살아. 마지막 세 번째가 제일 중요한데, 달걀물에 숙성하는 시간을 충분히 가져야 해."

빵 자체가 맛있어야 한다거나 생크림을 추가하면 된다는 설명은 수긍했지만, 숙성 시간이 중요하다는 것은 의외의 설명이었다. H님은 브리오슈를 추천했지만, 난 냉동고에서 있는 식빵을 활용했다. 집에 들어온 뒤 곧장 레시피의 실험이 시작됐다. 먼저 설탕과 달걀 2개, 생크림과 우유를 섞은 뒤 식빵에 잠길 만큼 부어주었다. 다음으로 필요한 건 숙성 과정. 한숨 자고 일어나서, 소스를 흡수한 빵을 앞뒤로 노릇하게 구워주면 된다.

이른 아침. 눈곱도 떼지 않은 채 냉장고부터 열었다. 달걀물을 머금은 채 '구워보면 놀랄걸.'이라고 말하듯 숙성된 식빵이 한눈에 들어왔다. 난 곧바로 팬에 버터를 둘렀다. 이때 약불에서 7분씩 타분한 맛이 나지 않도록 신경 써서 구웠다. 구워진 프렌치 토스트를 접시에 옮겨 담고, 바닐라 시럽이 녹진하게 흐를 정도로 덧뿌렸다. 숙성의 맛이 얼마나 큰 변화를 만들어낼 수 있을지 기대와 설렘을 느끼며 포크를 집어 들었다. 먹기 좋은 크기로 자른 빵을 베어 물자 촉촉한 풍미가 퍼졌다.

반나절 숙성이면, 식빵과 달걀 물 사이에 이변적일 만큼 맛의 변화가 일어난다는 점이 퍽 재미있게 여겨졌다. 이후로도 홍제천의 카페를 가지 못할 때는 전날 저녁에 달걀물을 만드는 습관이 생겼다. 사 온 식빵은 달걀물에 절여도 모양이 망가지지 않도록 최상의 두께로 자른다. 그 뒤에 휘저은 소스를 잠길 만큼 부은 뒤 내일의 브런치를 기대하며 잠든다. 다음날, 완성된 프렌치 토스트를 한입 먹으면 오늘을 위해 어젯밤 바지런하게 움직인 내가 기특하게 여겨진다.

재료

밥 1공기
참치 1캔
청양고추 2개
양파 1/2
쌈채소(상추나 케일 등)

양념

고추장 2큰술
된장 1큰술
고춧가루 1작은술
다진 마늘 1작은술
참기름 1큰술
소금 약간

요리 순서

1. 밥에 소금, 참기름, 깨를 넣고 골고루 섞는다.
2. 달군 팬에 참치를 볶다가 고추장과 된장을 넣는다.
3. 볶은 참치에 다진 마늘, 고춧가루, 설탕을 조금 넣는다.
4. 자작해질 때까지 끓인 뒤 참기름을 추가한다.
5. 상추에 밥 적당량과 참치를 얹는다.

된장
맛좋은 고추장
고춧가루
국산 마늘
참기름
볶음 참깨
참치

엄마와 연락할 땐 주로 사는 이야기를 한다. 요즘 일은 잘 하고 있는지, 집 비밀번호는 주기적으로 바꾸는지, 어떤 음식으로 끼니를 챙기는지 엄마만큼 나의 생활에 관심을 갖는 이도 없다. 모녀의 대화에서 빠지지 않는 건 의식주 중 단연 식의 문제다. 밥은 먹었느냐는 물음은 잘 지내느냐는 안부 인사이며, 다음에 밥 한 끼 하자는 건 사는 게 바쁘더라도 잊지 않고 얼굴을 보자는 말과 같다. 그 사람의 끼니를 걱정하는 것만큼 관심과 애정을 실은 말이 있을까. 어느 때에 불현듯 누군가의 끼니를 걱정하는 자신을 발견하거나, 맛있는 음식을 먹을 때 '같이 먹으면 좋았을 텐데.'라는 아쉬움이 일게 만드는 대상이 있다면 그건 마음속에 전에 없던 다른 존재가 들어와 있다는 뜻이다. 누군가의 식사를 버릇처럼 신경 쓰고 묻는 것만큼 사랑을 정직하게 표현하는 방식은 없다.

음식이 생명 연장을 위한 수단이 아닌 시대, 우리는 무얼 먹을지, 누구와 먹을지를 두고 고민한다. 식사는 일종의 유희이며 잘 지내느냐는 인사인 동시에 관심사의 한 영역이 되었다. 엄마와 전화할 때면 자주 듣는 말은 이와 같다. "밥은 먹었고? 요즘 뭘 해 먹으면서 지내? 반찬 좀 해서 보내줄까?" 엄마의 말은 갓 지은 밥 위에 얹은 김치처럼 진진한 정이 담겨 있다. 그걸 알기에 엄마가 무언가를 보내주면 고맙게 받는다.

혼자 살게 된 뒤로 엄마는 제철 음식을 자주 보내준다. 그 덕에 난 사시사철 신선한 선물을 아무런 수고 없이 누린다. 엄마는 잘 받았다는 내 말에 기뻐하며 또 다른 선물을 부지런히 준비하는 산타클로스를 자처했다. 괜찮다고 손을 내저어도 며칠 뒤에는 틀림없이 묵직한 택배가 문 앞에서 기다리고 있다. 난 상자에 담긴 귀한 먹거리로 냉장고를 채우며, 고마운 엄마를 매일 떠올린다.

택배 상자에는 다양한 것이 담겨 있다. 여름에는 높은 당도를 자랑하는 백도와 넉넉한 크기의 수박, 누른밥을 프라이팬에 눌러 만든 누룽지가 지퍼백에 차곡차곡 담겨 있다. 건더기를 아낌없이 넣은 된장찌개를 소분한 용기에 넣어 보낼 땐, 스티로폼 상자 틈바구니에 행주를 접어 넣는다. 배송되는 동안 국물이 새지 않도록 배려한 엄마의 생활 밀착형 지혜가 택배 상자 안에서 느껴진다. 최근에는 엄마가 보내준 미니 단호박이 베란다에서 고부장한 등을 웅크리고 있다. 저 단호박으로 무얼 해 먹을까 고민하다가 이번에는 내가 물었다.

"엄마는 요즘 뭘 해 먹어?"

"요즘은 상추쌈 싸서 먹거나 된장찌개에 밥 비벼 먹는 게 최고야."

엄마는 초여름 상추는 야들야들 질기지 않고 맛이 좋다며 달리 먹을 만한 게 없을 땐 만만한 상추를 냉장고에 마련해 두라고 했다.

"기름 꼭 짠 참치나 햄 구워서 상추에 싸 먹어도 맛있어. 아니면 고춧가루에 진간장이랑 다진 마늘 넣고 버무려서 겉절이 해 먹어도 좋고."

엄마의 상추 예찬에 마음이 동한 나는 밑단이 하늘거리는 청상추를 샀다. 3천 원어치를 샀는데도 제법 많아서 며칠간 먹을 수 있을 만큼 양이 넉넉했다. 먼저 집에 늘 구비해 두고 있는 참치의 기름을 뺀 뒤 잘 씻은 상추에 밥 한 수저와 함께 쌈장과 청양고추를 곁들이면 완성이다. 사실 요리라고 말하는 게 민망할 정도로 단순하여 요즘처럼 귀찮아서 늘어지고 싶은 날 자주 먹는다. 약풍으로 틀어둔 선풍기에서 선선하게 바람이 나오고, 신선한 상추와 담백한 참치, 매콤한 청양고추가 더해져 소박한데 질리지 않는 맛이었다. 다음날에는 참치 대신 햄을 구워 넣으니 고기쌈 부럽지 않을 정도로 맛있었다.

상추쌈을 먹으며 박완서의 『호미』박완서, 열림원, 2022를 떠올랐다. 산문집 '호미'는 노년기에 접어든 작가가 자연과 음식, 생활상에 대해 평온한 어투로 담아 낸 점이 마음에 들어 즐겨 읽는다. 특히 강된장과 호박잎에 대한 예찬을 담은 문장이 인상에 남는데, 읽다 보면 수더분한 한 쌈을 싸서 한입 가득 밀어 넣고 싶다. 글을 통해서 일으킬 수 있는 감정과 생각은 다양하겠지만, 그중 제일 큰 건 사라진 것들과 잊고 있던 것에 대한 절실한 그리움일 것이다. 작가의 입맛과 취향이 고스란히 담긴 묘사는 그녀의 사적인 식탁을 연상하게 만든다. 부드러운 호박잎에 폭 싸인 밥과 된장의 맛이란, 유년 시절의 어떤 향수를 일렁이게 한다.

호박잎은 상추보다 부드럽게 녹아들며, 자연스럽게 흐트러진 잎을 싸 먹을 때의 만족감은 미각을 충만하게 한다. 그런 면에서 상추와 호박잎은 제법 닮았다고 할 수 있다. 호박잎이나 상추 외에도 쌈을 싸 먹기에 좋은 채소는 다양하다. 깻잎, 케일, 치커리, 적근대, 씀바귀 등 모두 고유의 신선함이 양념에 어우러져 풍성한 맛을 만든다. '채소가 갖고 있는 본연의 맛을 즐기기에 쌈밥만큼 좋은 건 또 없지.' 난 남은 상추를 된장에 찍어 먹으며 중얼거렸다.

입안에서 춤을 추는 나른한 맛에 취해 어느새 넉넉했던 밥공기가 비워졌다. 엄마가 차려준 아침상의 호박잎과 상추는 달가워한 적이 없지만 이젠 없어서 못 먹을 정도로 비워지는 접시에 아쉬움을 갖는다.

"몸이 건강하려면 어떤 걸 먹느냐가 중요해."

빵을 좋아하는 나에게 엄마는 올바른 식사와 신선한 채소의 섭취를 강조했다. 지난 시절에는 어려움 없이 엄마가 차려준 밥으로 끼니를 챙길 수 있었지만, 이젠 식탁에 놓일 음식을 직접 선택하는 일에 익숙해져야 한다. 가학적인 맛에 중독된 시절에는 갓 지은 밥과 채소의 즐거움을 오래 잊었다. 그러나 요즘은 목가적인 재료로 만든 담백한 음식에 푹 빠져 있다. 난 냉장고에 남은 상추를 보며 내일은 상추 겉절이를 만들어 먹어야겠노라 생각했다.

향긋한 봄의 기억

쑥개떡

재료

쌀가루 400g

쑥 200g

뜨거운 물 120ml

참기름

설탕 약간

소금 약간

요리 순서

1. 쑥은 흙이 없도록 깨끗하게 씻고 손질한다.
2. 쑥이 잠길 만큼 충분한 물에 소금을 조금 넣고 2분간 데친다.
3. 데친 쑥은 찬물에 식힌 뒤 물기를 짠다.
4. 쑥을 잘게 썰고 쌀가루 200g과 함께 믹서에 갈아준다.
5. 믹서에 간 쑥 반죽에 남은 쌀가루를 200g 넣는다.
6. 뜨거운 물을 조금씩 부어가며 반죽한 뒤 둥글넓적하게 빚는다.
7. 찜기에 10분간 찐 뒤 식으면 표면에 참기름을 바른다.

우리 쑥 많이 캐서
쑥떡도 하고
쑥버무리도 만들자.
오랜만에
캐니까 재미있지?
쑥 향이 향긋해서
좋다.

새싹이 둥글게 기우는 봄이 오면 반가운 전화가 울린다.

"둔덕에 쑥이 가득해. 같이 뜯으러 가자. 네가 좋아하는 쑥개떡 만들어야지."

엄마의 말에 계절의 변화에 무감했던 마음의 꽃봉오리가 맺힌다. 쉴 새 없이 쑥을 뜯어 봉지에 담을 때 코끝을 맴도는 쌉싸래한 향이 떠오르면 기운이 돋아난다. 쑥은 이른 봄에 즐겨 먹는 간식 중 하나다. 다보록이 돋아나 있는 불규칙한 초록의 군영은 볼수록 정감이 간다.

기다렸던 주말. 엄마, 이모와 한적한 들판으로 향했다. 쑥이 흐드러지게 핀 들녘을 보자 누가 먼저랄 것도 없이 쑥대를 베는 데 열중했다. 한 움큼 손에 쥐어지는 봄 한 포기를 가져가 향을 맡자 씁쓸한 풍미가 진동했다. 이맘때 느낄 수 있는 훈향에 취하여 콧노래가 나왔다. 봉지 가득 쑥이 들어차자, 엄마는 감탄을 자아내며 '올봄은 실컷 먹을 수 있겠다.'라고 말했다. 삼 분의 일은 된장을 풀어 쑥국을 끓여 먹고, 또 나머지 절반은 쑥개떡을 만들고, 그런 뒤에도 양이 남으면 멥쌀가루를 버무려서 쑥버무리를 만들자는 원대한 계획을 세웠다. 그야말로 봄에 어울리는 요리 교실이었다.

반복적인 노동이 무료할 만도 한데, 같이 하는 이들이 있어서 지루할 틈이 없었다. 쑥을 캐는 중에도 며칠 전 본 드라마, 작년에 만든 쑥개떡에 대한 감탄, 올해 두릅은 어디로 따러 갈 것인가에 대한 이야기가 전분으로 만든 면처럼 끊어지지 않고 이어졌다. 막바지에는 계획을 실현하고도 남을 만큼 넉넉한 양이 모였다.

집으로 가는 길, 산 중턱에 핀 진달래를 발견하고선 물었다.
"봄에 화전도 많이 먹던데, 만드는 거 어려워요?"
"화전? 그건 찹쌀 가루만 있으면 돼. 말 나온 김에 진달래 화전도 만들까?"

실행력이 뛰어난 이모는 나의 한 마디에 새로운 계획을 추가했고, 집으로 가던 차는 방향을 틀었다. 그러나 근방의 골목을 뒤져봐도 눈에 보이는 건 철쭉뿐이었다. 장시간 쑥을 캐는 일에 매진한 뒤라 몸은 지쳐있는 상태였다. 거의 반쯤 포기했을 무렵 담벼락에 가지를 뻗은 분홍 꽃이 눈에 들어왔다. 애타는 마음을 안고 다가간 내가 반색하며 소리쳤다.
"이모! 진달래 찾았어요!"
체념했을 때에 눈에 들어온 진달래가 얼마나 반갑던지, 우리는 아이처럼 기뻐했다. 담벼락에 뻗쳐 나온 진달래를 뜯어 집으로 가는 걸음이 가벼웠다. 도착한 뒤에는 쉴 틈 없이 부엌에서 따온 진달래와 쑥을 물에 담가 두었다.

흙이 묻어 있는 쑥은 체에 밭쳐 여러 번 씻어낸 뒤에 소금을 넣고 2분간 데친다. 그 뒤에는 잘게 썬 쑥을 쌀가루와 같이 믹서에 갈아준다. 쑥 양에 따라 쌀가루 비율은 달라지는데, 200g 기준 400g 정도면 충분하다. 반죽에는 소금 작은 스푼과 설탕 한 스푼을 넣는다. 이때 뜨거운 물을 조금씩 넣어 반죽을 치대는 게 중요하다. 체중을 실어 누를수록 녹실한 맛이 살아난다. 반죽의 농도는 찰흙 놀이를 하던 때의 질감이면 알맞다. 그 뒤에는 둥글납작한 모양으로 빚어 9분 내외로 찌면 새뜻한 녹빛으로 맛있게 익는다. 쑥개떡은 한 김 식힌 뒤 표면에 참기름을 바르면 손에 붙지 않는다.

쑥개떡을 만들었으니, 다음은 진달래 화전을 만들 차례. 화전은 진달래만 구한다면 뚝딱 만들 수 있다. 먼저 찹쌀가루로 만든 반죽을 둥글넓적하게 펼친다. 반죽 위에는 물기를 제거한 꽃을 붙인다. 달군 프라이팬에 기름을 두르고 진달래가 타지 않도록 약 불에서 노릇노릇하게 구워준다.

쑥개떡에 화전까지, 그야말로 봄의 전령을 위한 한 상이 완성되었다. 발그름하게 핀 꽃의 옅은 분홍과 여름을 빼곡

하게 채운 탐스러운 갈맷빛은 차를 곁들어 먹기에 알맞았다. 이맘때가 되면 난 엄마, 이모와 쑥을 뜯고 화전을 만들어 먹을 생각에 설렌다. 결국 이 맛은 몇 년이 지나도 계속 찾지 않을까? 대단한 멋없이 밋밋하지만 봄이 오면 애틋하게 떠올라 애만지게 되는 그리운 맛이다.

재료

우유식빵 2장

계란 4개

통후추

마요네즈

홀그레인 머스타드

요리 순서

1. 계란을 삶은 뒤 껍질을 까고, 흰자와 노른자를 각각 분리한다.

2. 분리해둔 흰자와 노른자를 곱게 으깬다.

3. 으깬 흰자와 노른자를 뒤섞고 마요네즈를 적당량 넣어 되직하게 만든다.

4. 섞은 계란 소스에 홀그레인 머스타드 2큰술과 통후추를 듬뿍 뿌린다.

5. 우유 식빵의 테두리를 자른다.

6. 적당량의 계란소를 식빵에 바른 뒤 먹기 좋게 자른다.

Rich
mayonnaise
REINE DIJON
moutarde

최근에 친해지고 싶은 사람이 생겼다. 그녀에게 호기심이 생긴 건 인스타그램의 알고리즘 덕택이다. 프로필 소개부터 눈길이 간 계정의 주인은, 세상 모든 샌드위치를 수집한다는 원대한 계획을 갖고 있었다.

나 또한 샌드위치 사랑이 남달랐기에 게시물을 유심히 보았다. '화창하게 갠 날에는 샌드위치를 먹어요.'라는 글이 눈길을 잡았다. 사진 속에는 적당한 크기와 식감의 땅콩 잼과 바나나가 썰려있었다. 희미한 뒷배경에는 푸르른 녹음이 보였다. 푸른 하늘과 초록빛 수풀, '이것으로 충분해'라고 말할 수 있을 만큼 맛있는 땅콩버터 샌드위치 한 입이면 그날의 행복은 최고조에 오를 것 같았다.

척 보기에도 달군 프라이팬에 누르스름해질 때까지 눌렸다는 것을 갈색빛 식빵을 통해 알 수 있었다. 게시 글의 배경음악은 지소쿠리클럽이 부른 피넛 버터 샌드위치Peanut butter sandwich였다. 이때다 싶었던 난 창 쪽으로 팔을 뻗었다. 빗방울 대신 바람이 낙하했다. 오늘은 샌드위치를 먹기에 알맞은 날이라고 부추기는 바람과 화창한 하늘, 샌드위치 애호가의 곡 선정까지, 모든 게 자연스러운 수순 같았다. 우연히 본 SNS 게시 글과 화창한 날씨 사이에 무슨 관련이 있는지 누군가는 물을지 모른다. 이 사이의 긴밀한 연결성은 샌드위치를 진심으로 좋아하는 사람만 이해 가능한 미학적 감수성이다.

난 곧바로 달걀 네 개를 냄비에 넣고 10분간 삶았다. 타이머를 맞춘 뒤에는 샌드위치와 먹을 매실 소다를 만들었다. 여름에는 매실이 잘 어울린다. 세상 모든 샌드위치를 섭렵하는 것을 목표로 하는 애호가도 묵직한 재료가 한데 어우러진 맛을 즐길 땐 개운하게 씻겨주는 음료를 좋아하지 않을까. 만나본 적 없는 여인의 취향을 상상하는 사이 달걀이 익었다는 신호음이 울렸다. 차가운 물에 달걀을 식혀 둔 뒤 흰자와 노른자를 분리해서 으깨주었다. 번거롭더라도 각각 으깬 뒤에 섞어야 본연의 식감이 훼손되지 않는다. 흰자는 칼로 잘게 다진 뒤에 노른자와 뒤섞는다. 이때, 취향에 따라 마요네즈와 홀그레인 머스터드, 후추를 적당량 넣는다. 만든 달걀소는 식빵에 바른 뒤 랩으로 싸서 반으로 자른다.

샌드위치와 매실 소다를 가방에 챙겨 넣고 자전거를 탔다. 페달을 밟아 도착한 건 한강이었다. 구태여 먼 곳으로 가는 이유는 같은 하늘도 새로운 곳에서 봤을 때 다르게 보이기 때문. 마음먹지 않으면 좀처럼 새로운 곳에 갈 일은 생기지 않는다. 답보 상태에 놓이지 않으려면 사서 고생을 해야 하는 날도 있다. 가파른 비탈길을 오르며 호흡이 거칠어졌다. 몸을 살짝 일으키고 기어를 풀었다. 상체를 반쯤 숙이자 손잡이를 쥔 손에 힘이 들어갔다. 짧은 호흡을 연거푸 내뱉자 나른한 더위가 코끝을 스쳤다. 뒷덜미가 축축하게 젖어 들며 모자 사이로 땀이 흘렀다. 그것도 잠시, 페달을 밟는 다리가 힘에 부치지 않도록 내리막길이 이어졌다. 완만한 내리막은 '조금만 더 힘을 내.'라고 나를 독려했다. 무언의 메시지에 다시 달릴 힘을 얻은 건 소리 없는 말 덕분이다. 격려를 담은 바람의 투명한 손길, 세상에는 말로 표현하지 않아도 전해지는 위로가 있는 듯하다.

숨이 턱 끝까지 차오르는 날에도 페달을 약간만 밟으면, 평탄한 길을 만나 바람에 땀을 식힐 기회를 얻을 수 있다. 또는 창연한 하늘을 돌아볼 수 있는 어떤 하루가 오기도 한다. 그런 곱살스러운 날이 온다는 것을 기억하면 페달을 힘껏 밟을 때의 괴로움이나 억센 시름 앞에서 의연해질 수 있다. 잠깐의 가림 없는 사색을 하는 사이 목적지에 도착했다. 한 시간 반을 달려 도착한 공원. 인적 없는 곳에 돗자리를 깔고, 넘실대는 강물을 내려다보았다. 귀에 꽂은 이어폰에서는 여전히 음악이 흘러나오고 있었다.

세상 모든 샌드위치를 수집한다던 사람이 이제껏 맛본 것과는 비교할 수 없을 만큼 선명하고 맛있는 나만의 맛을 발견한 느낌. 어김없이 바람이 좋고 햇살이 알맞은 날에는 샌드위치가 그립다. 난 한 입 가득 마요네즈에 버무린 고소한 달걀 맛을 감히 행복이라고 말하며 안도했다.

사려 깊은 맛

로메스코 소스

재료

파프리카 1개
마늘 약간
구운 아몬드 반컵
파마산 치즈 적당량
올리브유 3큰술
소금 약간
후추 약간

요리 순서

1. 파프리카를 가스불에 굽는다.

2. 파프리카의 겉면을 태운 뒤 껍질을 깐다.

3. 파프리카를 작게 자른 뒤 호두, 마늘, 올리브유를 넣고 섞는다.

4. 섞은 소스에 소금과 후추를 더하여 간을 맞춘다.

사과식초
Olive oil

주말 식사는 시간에 쫓기는 평일과 달리 느긋하게 흐른다. 두벌잠을 자다 느즈막히 일어나면, 찬연스럽게 창을 비추는 햇살을 응시할 뿐 성급하게 움직이지 않는다. 이불에 얼굴을 묻은 채 쓰적거리며 무엇도 하지 않아도 되는 이 시간을 즐긴다. 위축되어 있던 팔과 다리 근육을 털며 일어난 뒤에는 냉장고를 연다. 지난밤 숙성시켜 둔 레몬수를 마시면 잠에 취해 있던 정신이 깨어난다.

산뜻한 향이 잠든 속을 두드리면, 타분한 입안을 헹궈주는 맛을 음미하다 책 한 권을 펼쳐 든다. 이때 읽는 건 『킨포크 테이블』네이선 윌리엄스, 윌북아트, 2022이다. 책에는 저마다의 리듬으로 일궈가는 포근한 식탁 정경이 담겨 있다. 이 책을 볼 땐, 귀한 차 맛을 즐기듯 아껴서 읽는다. 무던히 애쓰지 않아도 만족감이 차오른 이들의 삶을 보면 흐린 아침도 산뜻하게 시작할 수 있을 것 같다. 책에 소개된 사람들은 훌훌 넘어가는 부드러운 수프에 빵을 곁들여 먹는다. 부산스럽게 바쁜 날에도 따뜻한 커피를 마시며 책과 신문을 넘기는 여유를 미루지 않는 점이 마음에 든다. 난 그들의 느긋한 태도를 닮고 싶어서 책을 넘겨보다 간단한 레시피를 따라해 보기도 했다.

즐겨 먹는 메뉴를 꼽으라면 구운 토마토가 있다. 토마토는 열을 가하면 단일했던 맛의 지층이 깊어진다. 특별한 양념을 가미하지 않아도 열을 가하는 순간 짭짤한 감칠맛이 포자를 형성하여 입안에서 폭죽처럼 열띤 맛의 향연을 펼쳐 내는 것이다. 그 깊은 맛에 빠지면 생토마토를 단독으로 먹을 때의 신선함보다는 구워야만 느낄 수 있는 달짝지근하면서도 부드러운 맛에 매혹되어 무엇이든 노릇노릇 굽고 싶다. 한동안 아스파라거스를 올리브 오일에 볶거나, 당근과 미니 양배추를 구워 후추 간을 해서 먹는 일에 부지런을 떨었다.

토마토 구이를 먹을 땐 로메스코 소스를 만든다. 토마토에 모짜렐라 치즈를 얹어 굽고, 올리브 오일과 발사믹 식초를 둘러서 먹을 적에는 이 소스를 만드는 일은 빠지지 않는다. 스페인의 쌈장이라 불리는 로메스코는 갓 구운 빵을 찍어 먹거나 샌드위치 재료로 활용할 수 있다. 소스를 만들기 위해 필요한 건 토마토 2개, 파프리카 2개, 호두 한 컵, 식초와 물, 파프리카 가루, 올리브 오일이다. 식재료를 손질하기 전 오븐은 200도로 예열한다. 그 뒤에는 파프리카와 토마토의 겉면을 태운 뒤에 껍질을 벗긴다. 보통 파프리카는 40분, 토마토는 20분 정도 굽는다.

그 사이 호두를 빻아두었다가 껍질을 벗긴 토마토와 파프리카, 마늘을 넣고 으깨준다. 이때, 소금과 후추, 파프리카 가루와 식초, 올리브 오일을 함께 넣고 섞는다. 건더기 없이 고운 소스를 만들고 싶다면 믹서기에 갈아준다. 입맛에 따라 식초는 더하거나 빼도 무방한데, 난 혀끝을 감도는 새콤한 발효 향이 감도는 것을 좋아해서 좀 더 추가한다. 완성한 소스는 샐러드에 뿌리거나 바게트를 비스듬하게 썰어 호사스럽게 쌓아둔 뒤 푹푹 찍어 먹는다. 그 맛에 빠지면 예외 없이 빵 서너 개 정도는 너끈하게 먹어 치울 수 있다.

까다로운 미각을 밑천으로 시작한 요리 인생이 성장했다는 것은 단골 집밥 메뉴가 생길 때 실감한다. 만들어본 음식 중 간단한 것에 비해 맛이 훌륭한 것을 꼽으라고 한다면, 단연 로메스코 소스다. 주말이 되면 두둑하게 소스를 만들어 냉장 보관을 한 뒤 2주간 여러 음식에 활용한다. 특히 냉장고에서 굴러다니는 채소를 구워 식빵에 끼우고, 소스를 곁들여 먹는 것을 추천한다. 새콤한 토마토의 풍미, 통마늘의 알싸한 향은 잠든 미각을 일깨워주며 단출한 식탁을 풍성하게 만든다. 충동적이지 않으며 사려 깊은 맛의 로메스코 소스. 이 소스는 탐스럽고 두툼한 토마토를 즐길 수 있는 최고의 방법이라 할 만하다.

Chapter 2. 여름

재료

파스타면 100g
옥수수 통조림
방울 토마토
다진 마늘 1작은술
샐러드 채소 적당량

소스

올리브오일 6큰술
알룰로스 2큰술
발사믹 식초 2큰술
레몬즙 1작은술
간장 1큰술
후추 약간

요리 순서

1. 끓는 물에 소금을 넣은 뒤 푸실리를 8분간 삶는다.

2. 채소를 먹기 좋은 크기로 자른다.

3. 발사믹식초, 올리브유, 레몬즙, 후추를 넣어 소스를 만든다.

4. 푸실리와 채소에 소스를 넣어 섞는다.

fusilli
Olive Oil

양파, 버섯, 마늘과 같은 재료가 가진 고유의 향과 맛을 떠올리며 새로운 요리를 만들 궁리를 할 때, 굳어있던 마음 밭에 즐거움이 움튼다. 매일 무얼 먹을지 고민하는 것만큼 삶과 직접 연결되어있는 게 있을까. 난 이렇게 평온한 일상을 오랫동안 바랐다. 그 이유는 매일의 식사가 나를 설명할 수 있다고 생각하기 때문이다. 음식을 섭취하는 건 만든 음식을 입으로 느끼고, 씹어 삼킨 것이 소화되어 몸 안에 흡수되는 여정인 동시에 직접적인 삶의 온상을 담아내는 절차다. 그렇기에 때마다 계절의 절정을 담아낸 것들을 접시 위에 올린다. 정성껏 만든 요리는 지금의 시간을 아름답게 만든다.

여행을 다니다가 몇 주 만에 집에 돌아오면 냉장고 처분이 시급해진다. 먹는 욕구가 강한 내가 미처 해결하지 못한 식자재는 신선 채소 칸 안에서 본연의 색과 맛을 잃은 상태였다. 바닥이 무른 과일과 물이 흥건한 대파, 말라버린 바질 잎을 버렸다. 사둔 재료를 말끔하게 이용한 뒤에 장을 볼 땐 보람을 느끼는데, 버려야 하는 것이 무더기로 생기면 죄인이 된 기분이다. 그럼에도 요즘은 버려지는 식자재에 대한 낭비로 요리를 포기하진 않는다. 오히려 일주일의 식사를 돌아보며 좀 더 살뜰하게 조리할 수 있는 방향을 고민한다. 마치 보드게임 판에서 잘못 던진 주사위로 인해 '처음으로 돌아가시오'라는 안내 말을 본 것처럼, 자취 후 요리를 시도하던 때의 기억을 되짚으며 첫 마음을 곱씹는다.

언제부터 내가 그리 요리에 능숙하고 살림에 야무졌나. 이번 일을 반성하되 새로운 한 주 식사는 빈틈없이 만들어 가자고 다짐한다. 스스로를 돌아보는 반성적 태도는 필요하지만, 그 결론이 자책이나 체념으로 이어지지 않는 게 중요하다. 난 곧바로 냉장고의 불량한 속을 비워내고, 새롭게 장을 봤다. 장바구니를 채운 건 어린잎채소와 옥수수, 토마토, 양상추, 오이였다. 이번에 데려가는 것들은 함부로 버려지지 않도록 열심히 먹어야겠다.

상한 식자재를 처분한 뒤에도 냉장고에는 여유 공간이 많지 않았다. 사 온 채소를 넣기 위해 테트리스를 하던 끝에 냉동고까지 열었다. 방치해 둔 냉동고 벽면은 두꺼운 얼음이 철옹성 형태로 에워싸고 있었다. 딱딱하게 굳어진 얼음을 깨다 돌덩이처럼 묵직한 내용물이 바닥으로 떨어졌다. 둥글넓적한 접시 형태의 내용물은 얼려둔 고깃 덩어리였다. 이 고기를 언제 얼려두었는지 고심하는 사이 반년 정도가 흘러 뒤늦게 발견한 식빵이 티 코스터 형태로 딱딱하게 굳어져 있는 것을 추가로 찾아냈다. 냉장고를 통해 얻는 생활의

편리함과 이점은 분명 있지만 무작정 구매하여 채워 넣은 식자재가 제 기능을 발휘하지 못하고 버려지는 건 큰 잘못이었다. 그때그때 먹을 만큼만 구매한다면 함부로 버려지는 것이 없을 텐데. 난 무거운 마음으로 시장에서 사 온 채소와 냉동 식품을 냉장고에 채워 넣었다.

잔뜩 사둔 음식을 먹지 못한 채 쓰레기봉투에 곤두박질치는 일이 벌어지지 않으려면 냉장고에 대한 의존심을 줄이는 것도 필요하지 않을까. 냉장고가 없던 시절의 식사는 지금보다 담백하고, 제철에 느낄 수 있는 최절정의 맛을 누리는 즐거움이 있었을 것이다. 그것들을 이웃과 나눌 수 있는 따뜻함은 덤이었고.

난 삶은 푸실리 면을 여러 채소와 섞은 뒤 올리브 오일과 발사믹 식초로 만든 소스를 뿌려 접시에 담았다. 그리고 각각의 채소 맛을 느끼며 '매일 조금씩'이라는 말을 되새겼다. 대용량의 음식을 장바구니에 채워 넣기보다 오늘 먹을 만큼의 재료를 사용하고, 냉장고에 넉넉한 공백을 두자고 결심했다. 틈새 없이 가득 밀어 넣는 건 쉼 없이 일하는 냉장고와, 버려지는 운명에 처하게 될 채소에게 좋지 못한 결말이었으므로.

간소하지만 강한 것

참치 열무 비빔밥

재료

밥 1공기
참치한 캔
열무김치

양념

고추장 한 스푼
참기름 작은 숟가락

요리 순서

1. 밥에 참치 통조림의 기름을 뺀 뒤 얹는다.

2. 열무김치를 먹기 좋게 썰어 넣는다.

3, 고추장과 참기름을 입맛에 맞게 넣어 골고루 섞는다.

참치
참기름

사람들은 행복해지기 위해 다양한 경험을 한다. 소중한 이들과 정서적 교류를 통해 만족을 얻고, 낯선 장소로 향하거나 몰입할 만한 대상을 찾는다. 그러나 행복이라는 알약은 장기복용하면 내성이 생긴다. 흥미를 느꼈던 것에 익숙해지면 권태에 빠지기 쉽고, 더 강렬한 즐거움을 필요로 한다. 익숙해진 것은 마음에 남기는 자극이 미미하기 때문에 더 크고 강한 행복, 전두엽을 자극할 만큼 강렬한 것을 바라게 되는 것이다.

먹고 사는 일에 관여하는 모든 것은 더 높은 자극 혹은 기준치를 뛰어넘는 결과를 원한다. 가령 연인에게 바라는 애정의 기대치는 점점 커지고, 성과에 대한 욕심으로 무리한 상한선까지 목표를 끌어올려 문제가 생기며 미각을 휘두르는 '배달 음식'에 길들면 집밥이 심심하게 느껴진다.

'그 정도로는 외로움을 채울 수 없어, 날 더 사랑해 줘.'하는 섭섭함이 설탕 시럽과 같이 적셔진 도넛을 연인에게 들이민 적이 있었다. 그의 입에 부담스러운 애정의 도넛을 물린 건 결과적으로 관계를 상하게 했다. 일에 대한 높은 기준을 스스로에게 강요하여 몸을 혹사한 적도 있다. 글을 쓰는 일이 업이 된 후로 느낀 즐거움은 시간이 흐르면서 무감각해졌고, 밀린 일기 쓰듯 원고를 마감했다. 실행력을 통해 목표를 이루는 것도 필요하지만, 기왕이면 그 과정에서 일어나는 감정과 생각을 정확하고 섬세하게 표현하는 것이 중요함을 느낀다. 괄괄한 성미로 감정과 상황을 뭉뚱그려 말하거나 건반 위를 미끄러지듯 내면의 상태를 모른 척 뛰어 넘기면 행복이나 만족을 느끼는 센서티브 한 선이 죽어버리고 만다.

내면의 '환기' 버튼을 누르는 것도, 감정의 이 끝과 저 끝을 잡아 구김을 정리하고 하루를 시작하는 것도 결국 나의 몫이다. 내 힘으로 바꿀 수 있는 건 기준 없이 더 큰 것을 바라는 마음을 지그시 누르거나 단속하는 일일 것이다. 바깥에 있던 시선을 안으로 돌리고 고개를 세워 나를 본다. 원하는 행복의 방향을 인정하되 그 기준에 못 미치는 것은 새들하게 여기는 노인의 시선 대신, 이 정도면 충분하다는 생각과 감정 위주로 골라 일상을 만든다. 놀라운 행운이 어느 날 오기를 기다리기보다 지금 할 수 있는 일이 무엇일지 고민하는 쪽으로 태도를 바꾸자 심심한 하루가 소중하게 느껴졌다.

난 꽤 오래 내가 요리를 싫어하는 줄로만 알았다. 다양한 음식을 통해 미각은 발달했지만, 그 기준치에 부합하는 결과물을 만들 능력을 갖추지 못한 건 부엌에 설 수 없는 이유 중 하나였다. 이런 내 모습은 친했던 동기생을 떠올리게 한다. 그녀는 체중을 감량한 뒤 원피스를 입겠다는 목표를 품었지만, 몇 년이 흘러도 바지만 고수했다. 친구가 원피스를 입지 못한 이유는 그것이 자신의 몸에 어울리지 않을 거라는 생각 때문이었다. 내가 부족한 요리 실력으로 음식을 만들어봤자 소용없다고 믿었던 것과 비슷한 태도였다.

그러나 요리라는 것이 꼭 잘해야만 할 수 있는 것일까. 또 원피스라는 게 날씬한 여성들의 전유물일까. 아닐 것이다. 난 높은 기준을 내려놓고 가벼운 마음으로 부엌 앞을 서성였다. 그저 이 시간, 채소를 다듬고, 면이 끓는 사이, 소스를 데우는 일에 집중하는 정도면 충분했다. 마음이 고요해지는 이 여정 자체가 그저 좋았다. 설령 내가 만든 게 누군가에게 내놓을 만큼의 굉장한 결과물은 못되더라도 말이다. 요리를 해 본 사람은 알 것이다. 음식을 하면서 느끼는 즐거움과 열중할 때의 기분. 완성한 음식을 테이블 위에 올려둘 때의 설렘에 대하여. 한번 음식을 만들기 시작하면 또 다른 것을 만들고 싶어진다.

요리에 대한 부담을 내려놓으면 부엌에 발을 들이는 게

쉬워지고, 삶의 기본값이 행복이 아니라는 것을 수긍하면 고민의 상당 부분이 해소된다. 행복이란 삶의 최종 목적이나 이유가 될 수 없다. 인류는 그간 생존을 위해 고민해왔지, 행복을 탐구하던 존재가 아니었다. 결국 지금의 내가 행복하지 않다고 고백하는 건 자연스러운 일일 것이다. 완전한 자기만족의 상태가 당연하지 않다는 걸 알면, 막연한 기대도 사라진다. 앞으로 올지 안 올지 모를 미래에 소망을 거는 일도 없다. 높은 기준이 없으면 시작도 쉬워지는 법. 원피스는 날씬한 사람이 입어야 한다거나 요리는 실력이 좋은 사람이 해야 한다는 법은 어디에도 없다.

입고 싶으면 입고, 하고 싶으면 한다. 솜씨가 없어서 시도조차 못 하는 두려움 대신 실패한 요리를 먹고, 부엌을 엉망으로 만드는 일도 겁을 내지 않는다. 이렇게 변화한 건 기준을 내려놓은 뒤부터다. 난 내가 요리를 잘하지 못하는 미숙한 상태인 게 오히려 좋다. 음식을 만드는 사람이 할 수 있는 고민의 말을 하며 냉장고를 여닫는 일, 여러 재료의 조합을 머릿속으로 점치는 일, 어떤 레시피를 도전해봐야겠다며 작은 결심을 하는 것도 즐겁다.

이 정도의 만족이면 나쁘지 않다. 설령 음식을 망치게 되더라도 부가 재료를 넣어 맛의 균형을 맞추다 보면 요리의 위기를 수습하는 실력도 늘게 된다. 오늘도 난 맛있는 음식을 만들기 위해서가 아니라 즐거운 생존을 위해 한 끼를 만든다. 만드는 과정까지 식사에 포함되니 최선을 다한다. 행복도 마찬가지. 그 단어가 크고 포괄적이라서 일상이라는 테이블 위에 놓기에는 부담스럽다. 내가 가까이 두고 싶은 건 행복이라는 단어보다는 만족이나 즐거움이라는 말이다. 난 가벼운 만족과 평화를 적절한 크기로 소분하여 일상에 놓는 게 좋다.

테이블 위에 턱 하니 놓은 오늘 저녁은 기름 뺀 참치와 먹기 좋은 크기로 자른 열무, 참기름과 고추장이 대접에 담겨 있는 한 그릇이었다. 양념을 비빈 뒤 한 입 가득 먹자 배시시 웃음이 흘렀다. 빈 숟가락은 금세 소복한 밥과 참치, 열무로 채워졌다.

'이 정도면 행복이지, 행복하지, 난.'

아무도 없는 방에서 선명한 목소리로 중얼거렸다. 손 쉽게 만든 이 요리도 내 생활 속 하나의 기록이 된다. 사치스럽지 않고 온화한 나만의 평화로.

재료

파스타면 100g
소시지 7-8개
양파 1/2
피망 1/2

양념

굴소스 1큰술
케첩 2큰술
설탕 약간
후추 적당량

요리 순서

1. 파스타 면을 삶는다.
2. 양파, 소시지, 피망을 적당한 크기로 자른다.
3. 기름 두른 팬에서 양파를 볶은 뒤 소시지와 피망을 넣는다.
4. 삶은 면을 넣고 굴소스와 케첩을 적당량 넣는다.
5. 불을 끄고 취향껏 후추를 뿌린다.

TOMATO
ketchup
Pasta

글로벌 식품 기업 네슬레에서 진행한 실험에 관한 기사를 읽은 적이 있다. 이들은 알츠하이머 환자를 대상으로 어렸을 적 좋아하던 음식을 만들어서 대접하는 이벤트를 진행했다. 놀랍게도 추억의 음식을 맛본 이들은 유년 시절 즐겨 먹던 맛을 기억하고 있었다. 어렸을 적 먹던 맛에 대한 향수는 망각의 터널을 빠져나와 현실이라는 푸른 바다를 볼 수 있는 시야를 갖는데 큰 역할을 해주었다. 결국 기억을 담당하는 뇌 속 해마는 그리움이라는 녹녹한 감정마저 완전히 유실하지 못하는 것 같다.

저마다 삶에 안식처가 되어주거나 돌아가고 싶은 아련한 유토피아를 마음 속에 품고 있다. 내면 깊숙한 곳에 자리한 무의식을 끌어내는 데에, 맛과 향은 정직한 반응을 되살릴 수 있는 가장 원초적 영역이다. 가령 딱딱하게 굳더라도 살푼 데쳐서 야들야들한 시금치 무침, 엄마가 만든 김장 김치를 얹은 밥 한술, 간간하게 맛을 들인 갈치조림은 경직된 내면을 무릇하게 만들며 잊고 있던 추억을 되살리는 힘이 있다. 고작 음식 한 그릇에 그런 힘이 있다는 게 믿기지 않을지도 모르지만, 어느 때건 그리워지는 나만의 소울푸드가 병원에서 처방받는 약보다 영험한 효과를 발휘하는 기적을 일으킬 수 있다고 생각한다.

우리가 어떤 음식에 이끌리는 건 허기짐 때문이 아니라 돌아갈 수 없는 시절에 대한 애틋한 그리움의 작용이 아닐까. 머금은 눈물과 되작거리는 애상이 주는 여운은 시간이 흐를수록 짙어진다. 돌아갈 수 없어 더욱 그리운 기억을 지닌 음식이란, 어떤 이에는 구수하고 달큼한 콩국수이기도 하고, 시굼한 맛의 김치이기도 하며 칼칼한 맛이 일품인 고추장찌개일 수도 있다.

교토 여행을 갔던 때 상가 외벽에 푸른색 글씨가 눈에 띄어 어떤 가게에 들어갔다. 가게 안에서 가장 먼저 시선을 끌었던 건 공간을 채운 손님들이었다. 소파에 깊숙이 등을 기댄 한 노인은 콧잔등에 무테 안경을 걸치고 있었다. 그는 콧등에 주름으로 안경을 끌어 올리며 커피를 마시고 있었다. 특히나 시선이 이끌렸던 건 그가 주문한 음식이었다. 노인은 나폴리탄을 포크로 돌돌 말아먹으며 천천히 음미하고 있었다.

나폴리탄을 먹는 할아버지의 모습은 꽤 생경했다. 케첩이란 어른들에게 유치한 맛으로 치부되기 쉬운 소스 아니었나. 선입견일지 모르지만, 시골 어른들은 케첩에 손도 대지 않으셨다. 우리 부모님만 보더라도 케첩이나 마요네즈는 입에 대지 않았고, 돈가스나 파스타는 식사로 취급하지도 않았다. 그래서 나폴리탄과 아메리카노를 즐기는 할아버지가 신선한 충격으로 다가왔다. 대각선으로는 카페 앞 벤치에 꼿꼿하게 허리를 세우고 앉은 할머니의 뒷모습이 보였다. 할머니는 담벼락에 희미한 그림자의 변화를 관찰하며 타마고 산도를 손에 쥐고 먹었다. 노란 햇살을 받으며 그보다 더 노란 타마고 산도를 먹는 옆얼굴에 평온이 감돌았다.

난 할아버지가 먹는 나폴리탄과 가게 밖에서 할머니가 드시는 타마고 산도를 주문한 뒤 가게 안을 구경했다. 공간은 노폐한 물건과 앤틱한 가구가 중첩되어 있었는데, 젊은이들과 노인이 뒤섞여 커피와 브런치를 즐기는 장면이 뒤섞여 연출된 점이 눈길을 끌었다. 지금 눈앞에 있는 상황 자체가 영화적으로 구성되어 있는 것만 같았다. 나 또한 우아한 미장센을 완성하기 위해 배치된 구성품 중 하나인 것만 같다고 생각하자 야릇한 기분이었다.

묘한 상상력을 펼치고 있을 때 주문한 음식이 나왔다. 기대한 건 타마고 산도였는데, 인상 깊게 남은 건 나폴리탄이다. 나폴리탄이란 이전까지 케첩에 우스타 소스를 뒤섞고, 냉장고에 남은 햄과 피망을 썰어 넣은 음식으로 여겼다. 그러나 한 입 먹는 순간, 풍성한 감칠맛과 씹는 식감에 잠들어

있던 식욕이 일었다. 무테안경을 쓴 할아버지가 입가에 붉은 열꽃이 번지는 것도 모른 채 면발을 흡입한 이유를 이해할 수 있을 것 같았다. 어쩌면 이곳에서 브런치를 즐기는 할아버지와 할머니는 기억을 잃게 되더라도 이 나폴리탄의 맛을 그리워할 것만 같다. 그 선량하고 따뜻한 맛을 상기할 때면 간혹 냉장고에 남아있던 피망과 케찹을 꺼내 든다.

재료

가지 1개
양파 1/4개
피망 1/4개
다진 마늘 0.5수저

양념

진간장 2큰술
굴소스 1큰술
올리고당 1작은술
고춧가루 1작은술
참기름 1작은술
참깨 1작은술

요리 순서

1. 가지를 깨끗이 씻어 자른다.
2. 가지를 소금에 10분 절인다.
3. 절인 가지의 물기를 짠다.
4. 손질한 채소와 가지를 팬에 볶는다.
5. 채소의 숨이 죽으면 굴소스와 고춧가루를 넣는다.
6. 마지막에 참기름과 통깨를 넣고 섞는다.

볶음
참깨
고춧가루
굴소스
Olive
oil

J와 저녁을 먹는 건 익숙한 일이었다. 우리는 종종 식사를 함께 한 후, 공원을 산책했다. 그 과정에는 암묵적인 규칙과 평온한 리듬이 있었다.

"오늘은 메뉴가 뭐야?"

J가 테이블에 앉으며 물었다. 부엌에 서 있던 난 손에 쥔 가지를 흔들었다.

"가지 볶음이야. 색이 참 곱더라고."

"너의 가지 사랑은 지독할 정도로 끊어질 기미가 없는 것 같다."

J는 못 말린다는 듯 고개를 저었다. 심드렁한 어투와 달리 그녀는 파프리카를 도마에 두고, 듬성듬성 썰 준비를 했다.

나와 밥 친구가 되면 대개 채소 애호가가 된다. 가자미눈을 뜨며 불신하던 이들도 적당히 숨이 살아 있는 채소의 단맛과 신선한 향취에 매료되면, 질색하던 때의 모습을 겸연쩍게 여긴다. J 또한 마찬가지. 고기에 대한 황홀한 찬미 뒤에 그런대로 채소도 맛있다는 고백을 하게 되기까지 나와 여러 번 끼니를 이어왔다. 이 시간에는 정해진 절차처럼 다음번 식사에 대한 즐거운 고민이 이어진다. 심도 있는 이야기를 나누는 뉘앙스로 말했지만, 공연히 너스레임이 틀림없는 말이 즐거이 오가는 시간이었다. 우리는 접시 위에 다과를 올려두듯 '맛있다, 맛있어.'라는 말을 덧바르며 식사를 즐겼다. J는 맛에 있어 기준이 명확하며 요리에 대한 피드백이 빨랐다. 난 "맛있다."라는 한마디를 듣고 싶어서 누추한 부엌에 친구를 초대한 것이다.

J는 깍둑 썬 파프리카와 양파를 대접에 담으며 물었다.

"어째서 넌 많은 채소 중에 가지가 일 순위인 거야?"

"내가 원래 한 가지를 오래 좋아하는 습관이 있잖아."

J는 어이없다는 듯 고개를 거우듬하게 젖히며 혀를 찼다.

"어떤 맛이든 오래된 습관일 뿐이야. 내가 가지를 열렬하게 좋아하는 것도, 사람들이 가지를 맛없는 채소로 인식해서 기피하는 것도 고리타분한 선입견일 뿐이지."

"그건 또 무슨 소리래."

난 J에게 우리가 접한 가지의 최초 모습은 어떠했느냐고 반문했다. 파프리카의 꼬투리를 잘근잘근 씹으며 고심하던 그녀는 '그야 엄마나 할머니가 만들어주던 나물 반찬이지.'라고 답했다.

나는 최초로 가지를 접한 시절을 지적하며 말을 이어갔다.

"맞아. 그렇지만 내가 너에게 만들어준 가지 요리가 어땠는지 떠올려봐."

"라따뚜이?"

"그리고?"

"가지튀김?"

"그리고?"

나는 가지에 대해선 다 하지 못한 말이 무수히 많은 듯 되물었다. 고심하던 J는 자신을 주시하는 시선과 그간 먹은 가지에 대한 값을 마땅히 책임져야 한다는 부담을 느끼는 표정이었다. 머뭇거리던 그녀의 입술이 뒤이어 열렸다.

"가지 롤이랑 가지 덮밥, 그것도 맛있긴 했지."

난 만족한 표정으로 고개를 끄떡이며 "그것 봐. 가지는 그런 거야."라고 답했다.

"하긴. 이탈리아나 프랑스 요리에서 토마토랑 가지도 잘 어울렸어. 솔직히 네가 먹자고 하기 전까진 가지를 덮어두고 싫어했었던 건 사실이니까."

그 사이 나는 소금에 절여둔 가지를 손으로 꾹 짜서 수분을 제거한 뒤 파프리카, 양파와 함께 달군 팬에 볶았다. 윤기가 감도는 채소 위에, 고춧가루와 굴소스 한 스푼을 넣었다.

"오늘은 안 튀겨?"

난 채소가 골고루 양념 옷을 입도록 뒤적이며 참깨를 뿌렸다.

"마지막에 참기름 한 방울이면 튀김옷을 입히지 않은 가지도 맛있다는 것을 알게 될걸."

J는 내 말을 불신했지만, 달짝지근한 소스와 고소한 냄새에 못 이기는 척 고봉밥을 담았다. 가지볶음과 돌김, 달걀 프라이가 놓인 테이블에 나란히 앉아 우리는 저녁을 먹었다.

"오, 생각보다 물컹하지 않네."

J가 내뱉은 감탄에 나는 가지의 대변인이라도 된 것처럼 쾌재를 불렀다.

이날 식탁 위에서 오간 대화는 '가장 억울한 채소'에 관한 주제였다. 난 맛에 대한 억울한 누명으로 통탄한 사정에 처한 건 가지라고 장담했다. 가지는 수분을 품은 채소다 보니 뭉크러지거나 불쾌한 식감을 자아내기 쉽다. 특히 가지나물은 수분감을 살리는 조리법이라 부드러운 식감을 즐기는 이들이 아니라면 싫어하는 경우가 많을 수밖에.

흐물흐물해진 가지나물이 냉장고에서 숙성되어 온갖 형용할 수 없는 냄새와 습도를 힘껏 머금고 나면 어떨까. 큼큼하고 기묘한 맛이 감도는 그것을 한 입 먹으면 제일 싫어하는 채소로 가지를 꼽게 된다. 만약 우리가 최초로 접한 가지가 바삭함과 부드러움을 갖춘 소화로운 요리였다면, 첫인상은 완벽히 달라졌을 것이다. 타박타박한 감자와 피망, 양파와 가지를 적당한 크기로 잘라 튀긴 지삼선은 또 어떤가.

난 사실 영화관에서 팝콘이 아니라 지삼선을 먹고 싶다. 가지 한번, 감자 한 번, 피망 한번 고루 먹으며 아짝아짝 씹는 맛에 푹 빠지고 싶다. 주변 사람들의 뇌리에 각인된 가지에 인상을 조금씩 바꾸고 싶어서 이 가엾은 채소를 대변할 때가 많았다. 그 덕에 나의 친구나 지인은 내가 가지 요리를 만들어주거나 가지 음식이 맛있는 식당을 가자고 제안하면 군이 빼지 않는다.

"찬가가 제법 들더라도 신선한 채소를 사는 게 중요해. 가지도 넣어뒀어."

나는 며칠 전 잔뜩 산 채소를 J에게 나눠주었다. 아작거리는 오이를 손에 들고 그녀는 고맙다며 웃었다. 배달 음식 앱을 자주 사용하던 그녀의 냉장고에는 요즘 콜라와 탄산수 사이로 슬쩍슬쩍 오이와 샐러리, 가지 등의 건강한 채소가 보이는 일이 많아졌다. '가지는 질색이야!' 힘껏 도리질하던 J에게 생긴 긍정적 변화다. 가지의 억울한 누명과 오해를 이렇게 벗길 수 있게 된 것에 대해 난 은근히 안도와 보람을 느낀다.

게으른 부엌

오이 토스트

재료

오이 1개
우유 식빵
딜 적당량

양념

통후추
마요네즈
소금
올리브 오일

바질 파스타

재료

파스타면 100g
파마산 치즈
마늘 적당량

양념

바질페스토 3큰술
소금 약간
올리브오일
후추 약간

요리 순서

1. 오이는 채칼로 썰고, 소금에 10분간 절여둔다.
2. 절인 오이의 물기를 꾹 짠다.
3. 식빵의 테두리를 자른 뒤 마요네즈를 바르고, 소금을 적당량 뿌린다.
4. 물기를 짠 오이를 얹고 통후추를 듬뿍 뿌린다.
5. 올리브 오일을 원하는 만큼 뿌린다.

요리 순서

1. 파스타면을 미리 삶는다.
2. 팬에 올리브 오일을 두르고, 마늘을 노릇하게 굽는다.
3. 면을 넣고 볶다가 바질 페스토를 3큰술 넣는다.
4. 면과 바질 페스토를 골고루 섞고 후추와 소금으로 간을 한다.
5. 마지막에 파마산 치즈 가루를 뿌린다.

Rich
mayonnaise

A의 초대에 설레는 마음으로 집 문을 두드렸다. 공간을 꾸미는 일에 정성을 쏟는 A의 새집은 필시 다사롭고 정갈할 것이 분명했다. '전세가가 만만치 않아서 이사할 곳 찾는 데 진이 다 빠졌어.' 통화할 적에 풀 죽은 소리로 말하던 A였지만 이사 준비가 갈무리 되었다고 말할 때는 목소리가 밝았다. 태부족한 장소일지라도 최고의 결과를 만들어내는 A야말로 셀프 인테리어의 달인이 아닐까. 난 기대를 안고 노크를 했다.

A의 집은 천장이 높고 채광이 잘 되는 유리창을 통해 햇살이 비춰드는 공간이었다. 창가에는 동그란 식탁과 둥근 꽃병이 놓여있었고 일렬로 들어서 있는 갈맷빛 식물이 방문을 환영하듯 잎을 흔들었다. 청청히 푸른색이 예뻐서 시선이 향했다. 다보록이 피어난 연두색의 잎과 튼튼한 줄기는 모두 A가 부지런히 만들어낸 사랑스러운 취향의 결과였다.

"집이 작지?"

"아니, 딱 알맞은데?"

난 눈 돌리는 곳마다 소곳하게 앉아 열중하게 만드는 A의 미학적 소품과 식물 등을 구경하며 고개를 저었다.

그 사이 A는 집들이 음식을 식탁 위에 놓았다. 그녀가 준비한 건 오이 토스트와 바질 파스타였다. 초록과 연두를 사랑하는 내 취향에 알맞은 메뉴였다. 콧노래를 부르며 식탁에 앉자, A는 아직 요리가 완성되지 않았다고 했다. 이미 올리브 오일이 듬뿍 뿌려진 오이 토스트는 먹음직스러운 윤기가 흐르고 있었기에 그녀의 말을 이해할 수 없었지만, 얌전히 기다렸다. A는 투명한 유리문을 열고 베란다로 나갔다. 작은 문틈 사이로 고개를 내민 뒤에야 새로운 공간이 있다는 것을 알게 됐다. 작은 발코니는 세탁기가 있거나 다용도실로 사용하는 대신 아기자기한 정원으로 꾸며져 있었다.

"여긴 미니 텃밭이야. 내가 이 집에서 제일 좋아하는 장소인데, 이름도 붙여줬어."

"이름이 뭔데?"

"달콤한 게으름."

A의 텃밭은 간소한 크기였지만, 명이나물부터 상추, 대파, 딜, 바질이 심겨 있었다. 작은 산과 언덕의 푸름을 삽으로 떠서 옮겨 둔 것만 같았다. 그녀는 잘 자란 딜을 따서 오이 토스트 위에 장식 삼아 올렸다. 그 뒤에는 바질잎을 따서 바질 토마토 에이드에 얹었다.

난 그날 A의 달콤한 게으름에서 수확한 딜을 올린 오이 토스트와 직접 재배한 바질로 만든 파스타로 근사한 대접을 받았다. 도심에서 이토록 알차게 농사를 짓는 젊은 농부가 있다는 것을 누가 상상이나 했을까. 그런 핑거스다운 A의 야무진 손끝과 섬세한 눈썰미가 부러웠다. 미학적인 포인트를 놓치지 않으면서도 군더더기 없이 깔끔한 그녀의 요리는 먹고 난 뒤에도 부대낌이 남지 않는 그야말로 보람된 음식이었다.

"직접 만들어 먹는 기쁨은 너도 잘 알지? 근데 이렇게 키워 먹는 기쁨은 더 특별해."

A의 시선이 텃밭으로 향했다. 연일 이어진 야근에 피곤할 법도 한데, 눈가에는 생기가 있었다. 꼭 그녀가 키우는 식물에 저양되어 있는 영양분을 받기라도 한 것처럼 총기를 잃지 않는 눈빛이 샘이 날 정도로 예쁘다고 생각하며 난 물었다.

"근데 어째서 달콤한 게으름이야?"

"아, 그거."

A는 텃밭의 이름을 '달콤한 게으름'으로 지은 연유를 설명해 주었다.

"스웨덴의 단어 중에 '스물트론스텔레'라는 단어가 있어.

딸기밭이라는 뜻인데, 자신이 좋아하는 장소를 가리키는 말이래. 세상으로부터 도망치고 싶거나 숨고 싶은 충동을 느낄 때, 홀로 몸을 숨길 수 있는 특별한 장소를 의미하는 말이야. 나에게는 저 텃밭이 그런 곳이야. 회사에서 힘들고 지쳤을 때도 저곳에 가면 생각을 비우고 마음껏 게을러질 수 있어."

이번에는 A가 물었다.

"너에게 스물트론스텔레는 뭐야?"

생각해본 적 없는 물음이었다. 집 외에 생활과 분리된 공간이 없는 내게 지칠 때 홀로 몸을 숨길 수 있는 특별한 장소는 어디일까. 결국 난 그날, 질문에 답하지 못했다. 며칠이 지난 뒤에도 A의 물음은 머릿속을 맴돌았다.

'스물트론스텔레, 스물트론스텔레.'

며칠 후 A가 만들어줬던 오이 딜 토스트를 만들어 먹었다. A에게 물어본 레시피를 눈으로 훑어볼 때, 문득 어떤 생각이 스쳤다. 난 곧장 물기를 짜둔 오이를 내려놓고, A에게 전화를 걸었다.

"나, 알겠어. 네가 말한 스물트론스텔레. 그게 나한테 뭔지 찾았어."

난 상기된 목소리로 말했다. 나에게 스물트론스텔레란 다름 아닌 부엌이었다. 비록 작고 비좁을지라도 이 안에서 음식을 만들 때 난 복잡한 생각에서 벗어날 수 있었다. 정성 들여 손질한 재료가 요리로 탈바꿈하는 과정을 지켜보는 설렘. 테이블 위에 맛있는 음식을 올려 둘 때 드는 흐뭇한 기쁨. 그 감정을 누릴 수 있는 부엌이야말로 달콤한 게으름을 부릴 수 있는 나만의 딸기밭이었다.

잃어버린 입맛을 찾아서

멸치 주먹밥

재료

쌀 2컵

물 2컵

잔멸치 적당량

보리새우 적당량

쯔유 2큰술

다시마 작은 것 1장

조미김

요리 순서

1. 냄비에 씻은 쌀과 코인 육수를 담는다.
2. 보리새우와 쯔유 2큰술을 넣고 잔멸치를 올려준다.
3. 물을 쌀과 동량으로 넣고 다시마를 넣는다.
4. 센불로 가열하다가 김이 올라보면 약불에 15분간 익힌다.
5. 15분 후 불을 끄고 10분 이상 뜸을 들인다.
6. 다시마 건져내고, 멸치와 밥을 뒤섞은 뒤 양념을 조금 넣는다.
7. 주먹밥 형태로 공굴리고, 부순 김을 표면에 묻힌다.

그 큰 주먹밥은
내가 먹어도 돼?
다 만들고 나서
먹어야지.
그만 먹어.
우물 우물
차밥숲

"난 말이야. 가게를 연다면 주먹밥을 내어주는 찻집을 하고 싶어."

"스프를 파는 가게를 하고 싶다면서."

나의 취향을 꿰뚫고 있는 A가 의아한 듯 물었다. 난 고개를 저으며 차와 함께 든든하게 속을 채워줄 수 있는 간편한 한 끼를 즐기는 찻집을 열고 싶다고 말했다.

"빵과 스프의 조화도 좋지만, 요즘은 차와 같이 먹을 수 있는 든든한 식사가 끌려."

티코스가 각광 받기 시작하면서 커피 못지않게 차에 대한 사람들의 관심이 높아졌다. 전국적으로 차를 즐길 수 있는 찻집이 많이 생겨나면서 디저트와 페어링하여 먹는 코스 외에도 식사와 차를 함께 즐길 수 있는 가게도 늘어나고 있다.

"차 종류는 녹차, 백차, 우롱차, 황차, 크게 네 가지로 나누고, 주먹밥은 참치마요, 불고기, 곤드레, 멸치까지 총 네 가지를 만들면 어떨까? 사이드로 볶음 우동과 잔치 국수도 같이 하면 대식가도 아쉽지 않게 먹을 수 있을 거야."

난 혼자 신이 나서 상호명까지 멋대로 소개했다.

"가게 이름은 차밥숲이야. 숲속에 있는 것처럼 평안한 분위기가 느껴지도록 월넛의 차분한 원목으로 공간을 꾸미고 싶어. 요란하거나 장식적인 꾸밈을 덜어내고, 단정한 느낌을 자아내는 곳으로 비춰지면 좋겠어. 이곳에는 비건과 논비건인 분들이 즐길 수 있는 음식이 모두 있어. 한 끼 식사로도 손색이 없는 메뉴가 있는 찻집이야."

잔뜩 꿈에 부풀어서 말하자 A는 차와 밥이 그리 잘 어울리는 조합인지 모르겠다며 석연치 않은 표정을 지었다. 그녀는 하루에 세잔 이상 커피를 마셔야만 하는 카페인 중독자이자 대표적인 K-직장인이었다. A에게는 커피를 입에도 대지 않는 내가 기이하게 보였을 것이다. 커피나 술과 거리가 먼 내 모습은 실상 의아해 보일법도 했다.

A의 말에 따르면 내가 회나 초밥을 좋아하지 않는 건 술을 먹지 않는 게 한몫 하는 걸 거라고 했다. 자고로 회는 술과 즐겼을 때 맛의 시너지가 배가되는데, 이를 단독으로 먹으면 바다의 향과 맛은 배릿과 비릿의 어중간함에서 모호하게 부유한다는 것이다. 바다 향에 익숙하지 않은 육지인에게는 낯선 경계심을 높일 거라는 설명이 이어졌다. 그러나 해산물에 대한 높은 경계를 뛰어넘기 위한 온축된 열망은 삼십 평생 일지 않았다. 굳이 그런 열의를 불태우지 않더라도 샐러리나 연근, 당근과 가지 등 다채로운 맛과 향을 즐길

수 있는 먹거리는 차고 넘쳤다.

버지니아 울프 책을 읽다 보면 홍차를 끓이는 장면을 많이 볼 수 있다. 난 그녀의 책에서 차를 끓이는 장면이 나오면 읽는 것을 멈추고 덩달아 차를 내린다. 응접실 테이블에 둘러 앉아 티타임을 갖는 오후, 수증기가 찻주전자에서 뿜어지기를 기다리며 '아직 끓지 않았어.'라고 말하는 밀리 파기터의 음성에 대한 묘사를 상기한다. 나 또한 차를 끓이는 동안 언제쯤 물이 가열되고, 잠들어있던 건엽이 본연의 색을 진하게 우려낼지 숨죽여 관찰하는 것을 좋아한다. 잠깐의 기다림을 지켜볼 때 시간이 멈춘 것만 같다.

그 뒤에는 다시 내가 만든 속재료를 천천히 뭉쳐야 하는 시간이 온다. 밥에 밑간을 해두면 주먹밥을 만드는 건 어렵지 않다. A가 왔을 때 주로 하는 건 참치마요와 불고기 주먹밥이다. 먼저 밥에는 소금과 참기름을 넣어 간을 하고, 기름 뺀 참치에는 마요네즈를 네 바퀴 정도 넉넉하게 두른 뒤에 후추를 넣고 골고루 섞어둔다. 불고기 주먹밥에 들어갈 소를 만들기 위해선 달궈진 후라이팬에 다진 양파와 대파, 마늘과 소고기를 넣고 중약불에 달달 볶는다. 고기가 익으면 진간장 4큰술, 설탕 2큰술과 후춧가루, 다진 마늘과 맛술을 넣고 익혀준다. 이때 취향에 따라 팽이 버섯을 추가해도 좋다.

난 손바닥 위에 밥을 넓게 펼쳐둔 뒤에 고기를 적당량 넣었다. 주먹밥 모양은 둥글게 만들 때도 있고, 오니기리처럼 삼각형 형태로 만들기도 한다. 삼각형 모양으로 만들 때는 왼손을 얄상하게 모아 쥐되 밥알이 으스러지지 않도록 적절한 강도로 눌러주어야 한다. 마지막으로 겉면에 부순 김을 굴려주면 짭짤한 맛 덕분에 감칠맛이 좋다. 특히 녹차나 따뜻한 백차 계열과 잘 어울리는 맛이다. 입안을 개운하게 씻겨주는 다정한 맛. 내가 귀엽게 굴린 주먹밥 두 개를 접시에 올려 차와 함께 내어주니 A는 완성된 자태가 마음에 드는 듯 카메라로 연신 찍었다. 퇴근 직후였던 A는 허기졌던지 단숨에 주먹밥 두 개를 먹었고, 차도 꿀떡꿀떡 잘 마셨다.

내가 눈을 빛내며 맛은 괜찮냐고 묻자 "생각보다 괜찮은데? 차가 아이스였으면 더 좋았겠지만."이라는 답이 돌아왔다. 난 A의 강력한 거부로 애매하게 남아있던 멸치를 이용하여 잔멸치 주먹밥을 만들었다. 그녀는 잔멸치가 장식처럼 소복하게 쌓인 주먹밥을 신기한 듯 보았다.

"맛있어?"

"그럼."

난 고레에다 히로카즈의《바닷마을 다이어리》고레에다 히로카즈, 2015에 나왔던 잔멸치 덮밥을 떠올리며 답했다. 이건 덮밥이 아닌 잔멸치 주먹밥이었고, 시라즈동이라는 건 먹어본 적 없어서 모르지만 영화를 봤을 때의 여운을 곱씹기에 충분했다.

멸치 주먹밥은 냄비에 코인 육수를 하나 넣고 지은 밥을 이용했다. 잔멸치를 쌀 위에 골고루 뿌리고, 쯔유와 다시마를 넣어 밥을 한다. 밥이 다 되면 멸치와 골고루 섞이도록 뒤적인 뒤 원형으로 모양을 빚는다. 마지막으로 부순 김에 굴려준 뒤 그릇에 담는다. 이건 다른 데서 못 먹는다는 영화 속 대사를 떠올리며 한 입 먹자 웃음이 비어져 나왔다. 이 맛을 알지 못하는 A를 안타까운 얼굴로 보다가 문득 회나 커피를 즐기지 않는 나를 보는 심정이 이와 비슷할 거라는 생각이 들었다. 그러나 멸치와 비슷하게 생긴 정어리는 잘 먹으면서 이 주먹밥은 한 입도 먹지 않는 A의 입맛에 대한 의아함은 여전히 사라지지 않았다. 그녀의 시선에서 봤을 땐 멸치 주먹밥은 먹으면서 초밥은 먹지 않는 내가 의아하겠지만.

기억에 남는 생일상

단호박 수프

재료

단호박 1개
버터 1큰술
우유 1컵
생크림 1/2컵
양파 1/2

양념

치킨 스톡 1큰술
올리고당 2큰술
소금 약간

요리 순서

1. 단호박을 전자레인지에 5분 돌려서 찐다.
2. 익힌 단호박을 썰고 양파도 반 개 썬다.
3. 중불에 버터를 녹이고 양파를 볶는다.
4. 단호박을 넣고 가볍게 볶는다.
5. 물을 넣고 단호박을 끓이다가 믹서로 곱게 갈아준다.
6. 우유 한 컵, 생크림 반 컵을 더하고 끓인다.
7. 치킨 스톡, 소금으로 마무리 간을 한다.

우유100%
Fresh Cream
생크림
Chicken

음식을 만드는데 드는 노고를 감내할 만큼 부지런해지려면 요리의 즐거움에 익숙해져야 한다. 이런 즐거움에는 내가 아닌 다른 사람을 위해 음식을 만들며 느끼는 설렘도 포함된다. 나를 위한 요리에서 확장하여 다른 이를 위해 음식을 만드는 마음, 이러한 정성을 발견할 때면 나는 앞질러 들뜨곤 한다. 테이블 위에 놓이는 음식은 어떤 것이라도 상관없다. 신선한 요거트에 제철 과일을 담아낸 것도 좋고, 사과와 당근을 갈아 부드럽게 만든 주스도 좋다. 갓 구운 식빵과 우유 한 컵의 단조로운 식단도 고맙기만 하다. 어떤 음식이든 누군가를 위해 만든 것이라면, 이 노고 안에 담긴 노력은 사소하지 않다. 설령 단조로운 맛이더라도 '맛있어.'라는 감탄을 높은 옥타브로 이야기한다. 그건 타인의 마음 씀씀이에 대한 진심 어린 인사와 같다.

생일 때 나를 위해 요리를 해준 사람이 있다. 그는 요리를 즐기지 않았지만 작정하고 부엌에 설 때는 대부분 그 이유가 본인이 아닌 다른 누군가를 위해서였다. 가족 모임에서 부모님을 위해 스테이크를 굽거나, 친구를 초대하여 파스타를 만들던 남자가 모처럼 솜씨를 발휘하여 만들어 준 음식은 그 종류가 다양했다. 그날 그는 단호박 수프와 봉골레 파스타를 만들었고, 연어와 소고기 스테이크를 구웠다. 까다로운 미식가의 입맛을 간파하고 있던 그가 다양한 종류로 구성한 생일상은 화려했다. 좁은 부엌에서 분투하며 단호박과 양파를 익히던 그는 동시에 파스타 면을 익혔다. 부엌에서 누군가의 바쁜 손놀림을 지켜보는 건 오랜만이었다. 요리하는 과정을 지켜보는 게 어색하여 주변을 배회하면서도 그 열심과 노력에 진심이 느껴져 기분 한구석이 간질거렸다. 몇 번이나 '도와줄까.'라고 물어도 그는 괜찮다며 요리에 열중했다.

만들어준 것 중 원래 좋아하는 음식은 봉골레 파스타였지만 그날은 단호박 수프가 기억에 남는다. 그는 단호박과 양파를 믹서에 간 뒤에 내용물을 체에 밭쳐 곱게 걸렀다. 음식을 만들 때 수고스러운 과정을 더하면 맛의 깊이가 달라진다고 믿는 남자였다. 고기를 구울 때도 로즈메리와 타임을 장바구니에 담는 세심함 덕택인지 만든 음식은 훌륭했다. 식사를 끝마친 뒤에도 낙낙하게 끓인 수프는 냄비에 반절 이상 남았다. 짧은 생일 파티는 바쁜 일정으로 빠르게 마무리되었다. 난 아쉬운 내색을 하는 대신 남은 수프를 텀블러에 싸갔다. 단호박 본연의 달큼함이 진한 수프는 다음날 샌드위치에 곁들여 먹었다. 전날의 행복했던 생일 기분을 그렇게라도 연장하고 싶었다.

언젠가 인터넷에서 '전 남친 토스트' 레시피가 유행한 적이 있다. '얼마나 맛있는 토스트였으면 헤어진 연인에게 연락했을까.'라는 점에서 많은 이들의 호기심을 자극했던 것 같다. 남자에게 연락할 때 여자는 연락을 빌미로 다시 잘해보려고 접근한 건 아니라고 장담했으니 토스트를 계기로 둘 사이가 이어질 가능성은 없겠지만, 이후에 애인에게 전해 들은 방법대로 만든 결과물이 과연 추억 속 그 맛과 유사할지 의구심이 들었다. 여자가 그리워하는 건 단순히 그 맛이 아닐 것이다. 그녀의 향수를 자극한 건 누군가가 나를 위해 아침을 준비하는 바지런한 솜씨와 앙그러진 요리에서 느낀 자그맣지만 따뜻한 기억이다. 같은 재료로 만들어 먹는다 해도 완성된 맛은 기대와 다를 거라는 예감을 하며 난 직접 만든 토스트를 한입 베어 문 여자의 씁쓸한 표정을 상상했다. 때로 음식은 그리운 기억을 함축하고 있다가 뒤늦게 실감하게 되는 계절처럼 어떠한 맛과 향을 남긴다.

나 또한 여자처럼 어느 때에 자연스럽지 않은 이유로 그에게 연락하게 될까. 틈틈이 그때 그 수프의 맛을 그리워하다 어느 날 불쑥 잘 지내느냐는 충동적인 질문을 건네려나 생각한다. 그러나 겸연쩍은 연락을 통해 레시피를 알아낸다 해도 내가 만든 수프는 그때 그 맛이 아닐 것이다. 그 음식에는 나를 보던 남자의 따뜻한 시선, 맛있느냐고 묻는 애정 어린 질문과 정성이 담겨 있었다. 그 맛이 빠져버린 단호박 수프는 치킨 스톡을 듬뿍 넣더라도 기대했던 것과는 다를 수밖에 없다.

본래 도를 벗어날 정도로 행복한 관계에서는 무엇을 먹어도 그 자체로 맛있고 특별하게 느껴지는 법이다. 시장에서 잘 익은 단호박을 만날 때마다 그때의 추억이 슬며시 떠오른다. 색이 진하고 묵직한 단호박이 옹기종기 모여 있는 모습에 마음이 움직이면 난 걸음을 멈춘다. 그리고 매대 위에 잘 익은 단호박을 들었다 놓았다 반복한다. 그 순간 뇌리에서는 뜨거운 한낮의 더위가 정점을 찍은 7월 생일상에 올랐던 노란 수프에 대한 그리움이 피어난다.

재료

당근 3개

양념

올리브오일 4큰술
레몬즙 1큰술
홀그레인 머스터드 1큰술
화이트 발사믹 식초 1작은술
후추 적당량

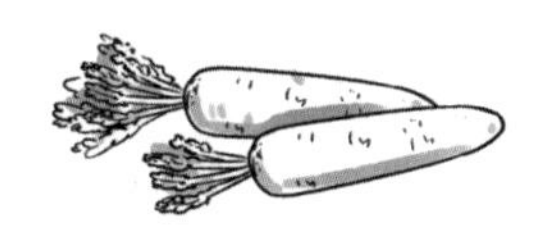

요리 순서

1. 당근을 얇게 채를 썬다.

2. 소금 1~2티스푼을 넣고 십 분간 절인다.

3. 절인 당근은 물기를 짜준다.

4. 올리브유, 레몬즙, 홀그레인 머스타드, 후추를 적당량 넣는다.

5. 당근을 골고루 양념에 버무린 뒤 2~3시간 정도 숙성한다.

사과식초
Lemon
Olive oil
REINE DIJON
moutarde

난 무더운 더위가 기승을 부리는 7월에 태어났다. 그래서인지 여름 더위를 마냥 싫어하지 않는다. 열기와 습도에 따라 나뉘는 여러 더위 중 선호하는 건 한더위의 날씨. 뜨거운 볕이 직선으로 내리꽂혀 골목의 사각지대조차 눈부신 빛으로 장악할 것만 같은 더위는 가장 여름답다고 생각한다. 여름이란 더운 게 당연한 시기이므로 '왜 이렇게 더운 거야.'라고 투덜거리는 대신 수긍한다. '여름이니까 덥지'라는 말은 더위로 심신이 지친 친구들 앞에서 큰 감흥 없이 내뱉은 말이었다. 오히려 여름인데, 덥지 않은 게 이상하지 않은가. 그러나 더위도 더위 나름이라 내키지 않는 종류도 있긴 하다. 마룻바닥에 발을 내디딜 때마다 쏟은 주스의 흔적을 급하게 훔친 것처럼 끈적한 더위는 피하고 싶다. 습도가 응축된 더위는 누군가의 더운 콧바람을 바로 곁에서 맡고 있는 듯 불쾌한 기분이 들게 한다. 그런 날에는 식사 의지가 들지 않고, 부엌 앞에서 부산스럽게 움직일 의욕도 서지 않는다.

더위에 지친 날에는 준비해 둔 식재료가 제 역할을 해야 할 때다. 난 냉장고 안에서 반찬 통을 꺼내 뚜껑을 열었다. 홀그레인머스터드, 레몬즙을 넣어 숙성한 당근 라페를 보자 다양한 레시피가 떠올랐다. 당근 라페와 달걀지단을 넣은 김밥을 만들까. 당근 라페와 스크램블을 식빵 사이에 끼워 샌드위치를 만들까. 고작 당근 라페를 준비해 두기만 해도 부엌에서의 시간을 창의적으로 만들 수 있다. 전날 채칼로 당근을 채 썬 나를 칭찬해 주고 싶어지는 맛을 알게 되어 얼마나 다행인지 모른다.

부지런히 만든 당근 라페란 오롯한 힘으로 만들어낸 멋스러운 결과였다. 손가락 까딱하기 싫을 때도 몇 번의 움직임을 더하면 '그래도 몸 움직이기를 잘했어.'라고 안심한다. 대충 때우거나 넘기는 게으름은 그 한 번으로 끝나지 않는 것을 알기에 일단 몸을 일으킨다. 난 내일 먹을 레몬수를 만들거나, 다음날 먹을 밀크티를 냉침해 두는 사람을 좋아한다. 그런 부지런한 이의 선반에는 사라지지 않을 자신만의 고유한 시간과 휴식이 얼룩 없는 컵처럼 놓여있다.

더위에 지쳐 있던 한날, 나를 더욱 힘들게 했던 건 같이 일하는 사람들과의 좁혀지지 않는 견해차 때문이었다. 이야기를 나눌수록 마음은 상하고, 내가 의도한 것과는 다른 방향으로 상대에게 해석되었다는 것에 대한 당혹감에 발만 굴렀다. 아무것도 하고 싶지 않지만, 자극적인 배달 음식으로 때운다고 해서 기분이 나아질 것 같지 않았다. 음식을 통해 얻는 행복의 수치와 빈도가 남들보다 더 묵직한 나에게 오늘의 한 끼란 허투루 흘려보낼 대충의 시간이 될 수 없다. 그럴 땐 숙성된 당근 라페를 빵 사이에 끼워 넣고 접시 위에 무심히 담는다. 어김없이 좋아하는 것을 통해 마음의 기운을 북돋아 회복할 수 있다고 믿는다.

누구에게나 당근 라페와 같이 미리 준비해 두면 소진된 에너지를 회복할 수 있는 자신만의 밀키트가 있다. 난 미친 열의를 더하는 대신 빼는 것을 권유하는 마음으로 간단한 요리를 완성한 뒤 그릇을 비웠다. 만족감 어린 흥얼거림 뒤에는 가벼워진 반찬 통이 보였다. 미리 만든 당근 라페가 없었더라면 어땠을까. 결국은 텅 빈 냉장고 앞에서 머뭇거리다가 배달 앱의 결제 버튼을 눌렀을 테지.

어떤 관계와 사람에 의해 내 존재가 마모된다고 느껴지는 날이 있다. 그런 감정의 일렁임은 새 물건에 생활감이 깃드는 것과 마찬가지로 살아가면서 겪는 태연한 변화일 것이다. 그렇더라도 갉아 먹히는 기분에서 벗어나기 위해 미리 대비를 해두면 좋을 것 같다. 더위에 지쳐 아무것도 하기 싫은 날, 괜찮은 끼니를 만들 수 있도록 독려하는 반찬 통 안의 당근 라페처럼 말이다. 또는 미리 손질한 채소가 냉장고에 있는 것도 좋다. 기름에 볶아 먹을 수 있도록 깨끗하게 정리한 채소는 심신이 지칠 때 든든하다.

난 지난 시간 속의 내가 만든 정성에 고마움을 느낀다. 내가 미래의 나를 위해 우렁각시가 되어 준비해 둔 것은 생활을 견고하게 만든다. 과도한 노력은 오래가기 어렵지만 사소한 행동은 지속할 수 있는 법. 기분과 생활을 나아지게 만드는 휴식이란 침대에 늘어져 있거나 예능 프로를 보며 깔깔거리는 희락으로 얻을 수 있는 게 아니다. 오히려 생활을 규칙적으로 이어가는 게 아무것도 하지 않은 채 방만히 나를 내버려 두는 것보다 중요하다. 매일 적당히 이어가는 부지런함의 중요성은 끼니를 직접 챙기며 더욱 실감한다. 당신에게도 자신을 위해 비축해 둔 무언가가 있으면 좋겠다. 사소한 한 끼더라도 흡족한 휴식의 기분을 줄 만한 그 어떤 것이. 나에게 몸과 마음이 더위로 지칠 때 쉼이 되어준 건 당근 라페였다.

Chapter 3. 가을

내 맘대로 메뉴

재료

우동면 1개
양배추
팽이버섯
햄
다진마늘
올리브오일

양념

고춧가루 2큰술
설탕 2큰술
진간장 2큰술
굴소스 1큰술
후추 조금

요리 순서

1. 우동면을 뜨거운 물에 데친다.
2. 양배추, 팽이버섯, 햄 등을 올리브 오일에 볶는다.
3. 야채가 어느정도 익으면 양념을 넣고 뒤섞는다.
4. 우동면을 넣고 후추를 뿌린다.

HAM
우동면
진간장
굴소스

냉동고를 열자, 얼려두었던 볶음밥이 발등에 떨어졌다. 막강한 무기가 되어 버린 그것을 손으로 집으며 눈물이 찔끔 나왔다. 볶은 밥을 용기에 소분하여 냉동고에 넣어둔 게 화근이었다. 다음에 먹겠다는 생각으로 얼려둔 음식은 곤란한 재고가 되어 쌓여 있었다. 이걸 어쩐담, 난감한 표정으로 음식이 쌓인 냉동고를 망연히 보았다.

이럴 때는 장바구니에 또 다른 식재료를 채우고 싶은 욕심이나 새로운 레시피에 대한 의욕적 호기심은 내려두고 유통기한을 넘기기 직전의 재료로 시선을 옮겨야 한다. 그간 주로 해왔던 요리는 간단하여 만드는 과정이 오래 걸리지 않는 것뿐이었다. 그렇더라도 작은 실패에 쉬이 위축되는 쫄보는 색다른 맛을 가미하는 도전 대신 레시피를 충실히 따르는 모범적인 방식을 선호한다. 물론 이런 날에는 평소 갖고 있던 두려움을 무릅쓰고, 가장 나다운 요리를 할 수 있다는 면에서 나쁘지 않다.

냉장고 파먹기로 음식을 만들 땐, 식재료 사이의 궁합을 점치는 게 중요하다. 오늘의 메뉴가 앞으로의 식사에 끼워 넣을 만한 건지에 대한 심도 있는 고민도 이어진다. 이 평가 과정에서 통과되어 지금도 만들어 먹는 음식으로는 오이 토마토 냉 파스타와 상추 겉절이 비빔국수가 있다. 오이 토스트를 만들고 남은 오이와 겉면이 울기 시작한 토마토를 발견한 날, 그것들을 잘게 채 썬 뒤 냉파스타를 만들었다. 여름에 어울리는 상쾌한 맛이라 지루한 더위에 먹기 좋다. 상추 겉절이 국수는 숨이 죽어가는 상추를 소면보다 많이 넣는 게 포인트다. 양념은 겉절이 만들 때와 같은데 고추장을 조금 더 추가하여 면에 양념이 듬뿍 가미될 수 있도록 한다. 이 음식은 새콤달콤한 맛이 매력적이다. 거기다 상추가 잔뜩 들어가서 금세 배가 부르다.

냉장고 속에 넘칠 만큼 풍요로운 재료를 털어내기 위한 작전은 어느 부엌에서나 엿볼 수 있다. 무라카미 하루키는 『채소의 기분, 바다표범의 키스』무라카미 하루키, 비채, 2012에서 냉장고의 남은 재료로 만든 브런치에 대해 서술했다. 그는 토마토가 냉장고에 쌓이자, 아내와 함께 토마토 샐러드와 파스타를 만들어 먹었다고 한다.

책에서 하루키는 자신의 음식 취향을 섬세하게 표현한다. 가령 외국에 거주하는 시기에 메밀국수가 먹고 싶으면 비슷한 섭취감으로 만족을 주는 시저 샐러드를 주문하거나, 갓 튀겨내 텍스처가 살아 있는 도넛을 한 입 먹을 때의 기쁨에 대해서도 예찬한다. 그 외에도 양념하지 않은 두부 본연의 맛에 대해 만족을 드러낸다. 그의 섬세한 미각 표현을 짚어가다 보면 문득 이런 생각이 든다. 하루키는 자신만의 기준을 갖고 있는 재기발랄한 미식가가 아닌가 하고.

'피터캣'이라는 재즈바를 운영했던 하루키는 재즈라는 장르에 대한 가치 기준도 남달랐다. 미각은 청각과는 별개의 영역으로 보이지만, 비슷한 면이 많다. 음악은 들을수록 감상의 깊이가 더해지고, 음식은 먹을수록 맛을 느끼는 감각이 예민하게 발동한다. 먹었던 음식이나 들었던 음악에 대해 좋다는 단순 감상에서 끝나지 않고, 취향의 갈림길에서 적절한 것을 발 빠르게 고르는 시각이 생긴다. 그만큼 음식과 음악은 즐기는 이의 경험 폭을 확장하는 동시에 사적인 취향을 견고하게 좁혀가는 영역 같다. 한 입 먹거나, 한 소절 들었을 때 느껴지는 생각이 곧 삶의 생동감을 더하거나 영감이 된다는 면에서 둘은 닮았다. 좋아하는 것들로 가득 채운 식탁이나 귀에 못이 박히도록 들어도 질리지 않은 나만의 플레이 리스트처럼 말이다.

하루키에게 지지 않을 만큼 먹는 일을 중요하게 생각하는 내가 꺼내든 건 우동 면과 양배추, 팽이버섯과 양파였다. 우동 면을 끓여 풀어준 뒤에는 본격적인 재료 손질에 들어갔다. 먹기 좋은 크기로 썬 채소를 팬에 볶다가 숨이 죽으면 굴 소스와 고춧가루, 후추를 넣어 양념을 만든다. 그 뒤에 면을 투하하여 볶으면 볶음 우동이 완성된다. '냉장고의 애매하게 남은 채소를 알뜰하게 소진할 만한 요리로' 볶음 우동은 괜찮은 선택이었다. 우동을 돌돌 말아 입으로 가져가며 한결 가벼워진 냉장고를 떠올리자 속이 후련했다. 애매하게 남은 자투리 채소를 잘 사용하기 위해 고심한 요리는 나에게 이런 이야기를 건네는 것 같다. 누군가에게 선보일 수 있을 만큼 훌륭한 산해진미만으로 매일의 식사를 채울 수 없다고. 가끔은 숨이 죽은 채소를 심폐소생술 하여 만든 볶음밥이나 끄트머리가 말라버린 식빵을 구워 잼을 발라 먹는 것으로 끼니를 해결해야 할 날도 있는 거라고.

플라스틱 통 안의 어떤 조리 과정을 거쳤을지 모르는 음식 대신 어설프더라도 직접 건강한 재료로 끼니를 만드는 것은 중요하다. 오늘도 난 내가 먹을 음식을 만들 때 사용될 식자재를 직접 눈으로 보고 장바구니에 넣으며 즐거움과 보람을 얻는다. 하루키의 말대로 '쓸데없는 양념 같은 건 칠 필요가 없는' 순근한 두부 같은 것이 작지만 확실한 행복이 아닐까. 냉장고에 달걀과 신선한 대파도 마찬가지. 난 내가 만든 요리들이 'simple as it must be'라서 좋다. "요리를 잘하시나 봐요."라는 누군가의 말에 난 잘한다는 대답 대신 좋아한다고 답한다. 의욕이 꺾이지 않은 상태를 지속하려면 잘하는 것보다 지치지 않고 마냥 좋아할 수 있는 게 더 중요하니까.

냉장고 총출동 전

채소 전

재료

애호박
양배추
당근
고추
버섯
(남아있는 채소 활용)
부침가루 1/2컵

양념

진간장 2큰술
참기름 1작은술
고춧가루 1큰술
식초 1작은술
쪽파 적당량
청양고추 적당량

요리 순서

1. 냉장고의 채소를 채 썰어 준비한다.

2. 부침가루에 소금을 조금 섞고 물을 적당량 넣는다.

3. 반죽은 너무 질거나 되지 않도록 주의한다.

4. 달군 팬에 기름을 두르고 적당량의 반죽을 올려 굽는다.

사과식초
부침가루
고춧가루
진간장

"미루지 마. 적기를 놓치면 후회하게 되니까. 해야 할 일과 시기, 타이밍은 사람마다 정해져 있어. 어른들이 나이 들어서 후회하지 말고 한 살이라도 어렸을 때 경험 많이 해보라고 하는 건 그냥 하는 말이 아니야. 제철 음식이 보약이라는 이야기도 괜히 있겠어?"

미식가인 A는 진지한 어조로 설파했다. 그녀의 말에 따라 지금 계절과 날씨에는 기름 두른 프라이팬에 파전 반죽을 구워야 한다. 그건 반드시 실천해야 하는 수순이라는 것을 알고 있는 난 창밖을 보며 중얼거리는 A의 혼잣말에 부엌으로 향했다.

부엌에서 나온 내 손에는 부침가루, 튀김 가루, 냉장고에 있는 자투리 채소가 쟁반 가득 들려 있었다. 전을 부칠 땐 어떤 재료든 좋다. 냉장고 사정에 따라 넣을 채소는 유동적으로 바뀐다. 반죽에는 잘게 썬 애호박, 양파, 부추, 채 썬 당근을 뒤섞었다. 말 그대로 모든 채소가 합심하여 만들어내는 도타운 맛의 부침개를 만들 요량이었다. 전을 구울 때 들리는 기름 끓는 소리는 빗방울이 지면에 부딪히며 내는 소음과 닮았다. 그 소리 탓에 비가 오면 자연히 파전을 먹고 싶은 심리가 발동한다는 내용을 방송에서 본 적이 있는 것 같다.

실제로 그런 영향을 받게 된 건지는 모르지만 비 오는 날, 전을 먹는 건 타이밍에 걸맞은 일로 여겨지긴 한다.

앞뒤 노릇하게 익힌 전을 먹을 땐 나름의 규칙이 있다. 지켜야 할 규율이란 빗소리가 잘 들리도록 창문을 열어두는 것. 창을 열면 새로운 연주가 시작된다. 빗방울이 간단없이 차창을 때릴 때의 규칙적인 신호음은 멈추고, 패연히 비가 쏟아지는 소리가 선명하게 들린다. 빗줄기가 스타카토처럼 빠르게 이어지는 것을 즐기며 잘 구워진 전의 이 끝에서 저 끝을 젓가락으로 찢어서 사이좋게 나누어 먹었다. 가위로 잘라 먹기보다 손이 가는 모양대로 찢어 먹는 게 더 맛있었다.

우리는 '냉장고 총출동 전' 두 장을 단숨에 먹었다. 그릇이 다 비워졌는데도 둘 사이에는 말이 없었다. 바빠서 얼굴을 못 본 몇 달 간 둘 사이에는 어색함이 쌓였다. 여자들 간의 우정이란 중 고등학생 시절을 지나면 점차 느슨하고도 융통성 있게 바뀌어 간다. 곁에 둘 이성이 생기거나 가정을 갖게 될 경우 관계의 끈은 일정 거리에서 명맥만 이어지거나 완전히 끊어지는 수순이 많았다. 다만 난 우정에 대한 기준이 남들보다 높았던 터라 연인에게 충실한 것에 비해 친구 관계에선 섬세한 애정을 기울이지 않는 그녀가 무심하게 느껴졌다. 먼저 연락하거나 다가오지 않는 A에 대한 미움과 섭섭함은 오랜 기간 켜켜이 쌓여온 거였다. 이사 후 A의 집들이도 나의 성화에 못 이겨 빠르게 추진한 것이었고, 퇴근 후 밥을 먹자고 제안하거나 먼저 안부를 묻는 것도 늘 내 몫이었다. 먼저 연락을 하라고 잔소리를 하면 그녀는 마음과 달리 생활에 여유가 없어서 그런 거니 이해해달라고 했다. 그러다 몇 달 전부터는 회사 일과 결혼 준비로 A는 더욱 바빠졌고, 나 또한 마감으로 여유가 없어져 먼저 연락을 하지 못했다.

"거의 6개월 만에 보는 것 같다. 너희 집에서 집들이 한 뒤로 못 봤으니까."

내가 먼저 입을 열었다. A에 대한 섭섭함이 폭발한 건 그녀가 다른 동창에게 청첩장을 돌렸으나 난 아직 받은 게 없다는 사실을 알게 된 일이 계기였다. A는 가뜩이나 연락 문제로 퉁명스러운 나에게 청첩장을 건네줄 적기를 고심하고 있었다고 했다. A에게 차가운 어투로 쏘아 붙인 일을 떠올리자 얼굴이 화끈거렸다. 화장실 같이 가는 사이로 우정의 깊이를 셈하던 시절의 유치한 질투심이 여전히 내 안에서 발동하고 있다는 것을 들킨 것 같았다.

A는 얼마 뒤 청첩장을 늦게 줘서 미안하다는 메시지를 보내왔다. 투정 부리듯 연락을 누가 먼저 하느냐의 문제로 티격태격하는 것도 적격한 일은 아니었다. 그간의 옹졸한 언행을 후회하고 있던 나에게 A는 먼저 식사를 제안했다. 그간 연락 한번 하지 않던 그녀가 얄궂게 느껴졌지만, 이 서운함은 기대와 애정이 있기에 작동한 거였다. 애초에 좋은 감정이 없다면, 상대에게 섭섭함을 느끼거나 만나고 싶은 의욕도 들지 않는다.

소란한 빗소리가 이어질 때 A는 말결에 "지난번에는 미안해, 널 필요할 때만 찾거나 그런 건 아니야."라고 했다. 난 그녀에게 그럴 것 없다고 답했다. 대답하는 음성에 눈물이 베여있었다. 비가 올 때 창을 열어두는 법칙을 정해두어서 다행이라고 남몰래 생각했다. 나와 A의 목소리는 이내 쏟아지는 빗줄기에 파묻혔다. A는 언제나 그런 친구였다. 저 혼자 앞서 가다가도 내가 뒤처지는 것 같으면 잠시 멈추는 사람. 투덜거리는 나에게 고지가 얼마 안 남았다고 담담히 말해주는 사람. 계절에 맞는 제일 맛있는 음식을 즐길 줄 아는 사람.

재료

소면
애호박
당근
김가루
달걀 1개
멸치 육수(코인 육수 활용)
국간장
물

양념

진간장 3큰술
고춧가루 1큰술
참기름 1큰술
다진 마늘 1작은술
매실액 or 설탕 1작은술

요리 순서

1. 멸치, 다시마, 양파, 대파, 무를 넣고 우려서 육수를 만든다.
2. 물이 끓으면 다시마를 빼고, 국간장을 추가해 간을 한다.
3. 당근, 애호박은 채를 썰어서 팬에서 볶는다.
4. 흰자와 노른자를 분리하여 지단을 만든 뒤 얇게 썰어둔다.
5. 간장, 고춧가루, 다진 마늘, 참기름, 깨 등을 넣고 양념장을 만든다.
6. 끓는 물에 면을 삶은 뒤 찬물에 헹군다.
7. 그릇에 면과 육수를 담고 고명을 얹는다.

옛날
국수
국산
참기름
고춧가루

처음 자취를 시작했을 땐 의욕이 앞섰다. 다양한 식기와 주방용품을 열성적으로 모으고, 여러 레시피를 흉내 냈지만, 생산적인 취미는 오래가지 못했다. 처치 곤란으로 썩은 가지와 파랗게 질린 가련한 오이가 냉장고에서 화석이 되었고, 변변치 않게 완성된 음식 맛에 의욕은 꺾였다. 그 뒤로 일 년 여간 배달 음식을 먹는 일로 스트레스를 해소했다. 꿈과 거리가 먼 현실 앞에서 무엇도 시작할 기력이 일지 않았지만, 이상하게 끼니마다 배는 고팠다. 난 의욕 없이 매일 시간을 허비하면서도 때마다 허기진 자신이 식충이처럼 느껴졌다.

이런 나를 한심하게 여기다가 굼뜬 몸을 겨우 움직였다. 배달 음식을 먹는 일에 진력이 났지만 냉장고에는 먹을만한 건 없었다. 부엌 찬장을 들쑤시다 고심 끝에 만든 건 잔치국수였다. 코인 육수를 끓인 뒤 미리 삶은 면 위에 육수를 붓고 잘게 자른 김치와 김을 넣었다. 지단과 볶은 애호박을 곁들였다면 좋았을 테지만 간단히 만든 것 치고 괜찮은 맛이었다. 복잡한 절차와 많은 재료가 필요한 요리는 애당초 무리지만 이 정도의 수고는 들일 만했다. 육수에 살짝 퍼진 면, 새콤한 신김치와 김이 섞여 따뜻하고 칼칼했다.

끼니를 만드는 건 귀찮지만 막상 시작하면 만드는 순간에 오롯이 열중할 수 있었다. 삶은 면 위에 육수를 부을 때, 그 남자를 떠올리지 않았다는 것을 의식하고 조금 놀랐다. 기억에서 지우려 애를 쓸 때는 내 의지를 비웃기라도 하듯 선명히 생각나던 존재가 그때 만큼은 떠오르지 않았다. 그와 관련한 애틋한 추억마저 분쇄기에 갈아 가루로 만드는 건 불가능하겠지만 잠식된 괴로움에 멈춰있던 시선을 다른 방향으로 돌리는 건 가능했다. 울고 분개하는 기력을 아껴 완전 다른 곳에 사용하는 건 어떨까. 가령 가스 불의 전원을 켜거나, 고요히 입을 닫은 냉장고의 속사정을 살펴 만만한 한 끼를 만드는 사부작거림 정도면 될 것 같다.

무기력한 상태로 시간을 허비하던 시기, 국수는 든든한 자기 위로였다. 그때 나는 시선을 딴 곳으로 돌리기 위해 만든 취미에서조차 재미를 못 느낀 채, 무력감과 우울감에 빠져 있었다. 죽을 만큼 힘든 것 같았지만 살아 있었고 매일 배가 고팠다. 슬픈데 웃겼고, 서러운데 또 먹고 싶은 건 많았다. 슬퍼하며 시간을 허비하는 나에게 몸은 말하는 듯했다. 슬퍼하는 것도 좋은데, 우선 배를 좀 채우자고. 째깍거리는 뱃속 시계는 눈물 콧물로 얼굴이 번졌을 때도 나를 기어이 일으켜 세웠다. 스트레스 받는 날, 아찔하게 매운 떡볶이에 참치 김밥을 듬뿍 찍어 먹어보자. 답답한 속을 주먹으로 내리치는 대신 시원한 탄산수에 산뜻한 레몬즙을 짜서 들이키자. 몸은 나만을 위한 단순하지만 필요한 조언을 건네주었다.

이로써 난 손도 까딱하고 싶지 않은 무기력을 이기고, 직접 요리를 시작했다. 슬퍼하는 마음을 억지로 참기보다 맛있는 음식으로 기운을 북돋아 주는 것. 그 정도의 작은 변화를 이어가기로 한 것이다. 무관심과 고독으로 점철된 연애의 상처를 무마하고 싶었지만, 대체해줄 상대를 찾거나, 무엇도 하지 않고 스스로를 방치하는 건 유익이 되지 않았다. 무력감과 우울이 더 큰 후유증으로 불어나 덮칠 것이고 난 우울감에 잠식될 것이다. 잠시 아픔을 잊고 싶어서, 혹은 상흔을 직시하는 게 겁이 난다는 이유로 대충 봉합하고 넘기는 건 마음을 곪게 만들 수밖에 없다. 난 상처 부위를 깨끗하게 닦고 소독약을 바르듯 성실하게 내면을 돌보는 쪽을 택했다. 그날부터 시작된 요리는 침체한 내면을 일으킨 치유의 시간이 돼주었다.

좋아하는 음식이 무어냐고 누군가 물으면 빵이라고 답하겠지만 허기진 날 떠오르는 건 국수다. 어떤 조리 과정을 거쳐 만들어졌는지 모를 난해한 음식이 아니라서, 만드는 과정에서 '면은 잘 익었나.' 살펴보고, 국물은 어느 정도 담아낼지 가늠하며 천천히 면기에 따르는 정성스러운 행동을 이어 가는 순간이 포함되어 있어서 좋아한다. 그때 깨달은 건 난 이런 부지런함, 자신을 위해 들이는 노력과 집중된 시간을 필요로 했다는 것이다. 흐트러진 상태로 마음껏 슬퍼하는 것도 상실감에서 자유로워지기 위해 거쳐야 할 필수불가결한 과정이지만, 우울감에 익숙해져 안온한 일상이 망가지는 게 두려웠다. 그래서 난 다시 부엌 앞에 서는 일에 용기를 냈다. 달군 프라이팬에 물성에 가까운 우울을 콩 굽듯 조리하고, 슬픔이나 외로움을 스크램블처럼 익힌 뒤 산뜻한 소스를 뿌렸다.

요즘도 '뭘 먹지?' 고심하다 가벼운 식사가 그리운 날에는 국수를 끓인다. 난 잔치국수라는 단어 안에 든 유쾌하면서도 명랑한 느낌과 평상에 둘러앉아 누군가와 나눠 먹고 싶은 그 맛을 즐기는 사람이 됐다. 정성껏 만든 한 대접을 소중한 이와 나눠 먹고 싶다. 맛있다며 맞장구를 치고, 다음 날 점심은 뭘 먹을지 심도 있는 의견을 오순도순 나누면서.

집밥은 힘이 세다

카레

재료

카레가루 100g

당근 1개

감자 1개

버섯 1개

피망 1개

양파 1개

버터

다진 마늘

후추

요리 순서

1. 냄비에 버터를 녹이고 다진 마늘을 볶는다.
2. 캬라멜 라이징한 양파 혹은 생양파를 넣고 볶는다.
3. 손질한 각종 채소를 볶는다.
4. 물 800L를 넣고 끓이다가 카레가루를 충분히 풀어주면서 섞는다.
5. 카레가 되직하게 졸아들도록 끓여주며 마지막에 후추를 넣어준다.

맛있는
카레

카레는 딱히 좋아하지 않아서, 자주 먹는다. 좋아하지 않는데, 자주 먹는다니 어딘가 어폐가 있는 말이라는 생각이 드는가? 그러나 이건 사실이다. 유난스럽게 좋아하는 음식은 최고의 레시피를 찾거나 맛집을 찾지만, 카레는 자주 먹는 집밥이다. 오늘 뭐 먹지? 라는 물음에 떠오르는 게 없으면 마음 한 편에서는 '아직 그 애가 캐러멜 라이징 해 둔 양파가 있어. 그걸로 카레를 만들어.'라는 말소리가 들려온다. 난 곧바로 수긍하며 냉동고에 얼려둔 지퍼백을 꺼냈다. 얼기 전 슬라이서로 적당히 그어둔 희미한 선이 보였다. 그 선에 맞춰 손끝에 힘을 주면 양파가 알맞은 크기로 똑 떨어진다. 외관으로 봤을 땐 갈색으로 타버린 버터처럼 보이지만 카레 가루와 만나면 놀랄 만큼 풍미가 상당하다.

'도대체 양파 몇 개를 볶은 거야. 본인은 정작 하나도 먹지도 못하고선.'

난 풀어진 카레 가루에 얼린 양파 조각을 넣으며 중얼거렸다. 기름 두른 팬에 수분을 날리며 중불에 캐러멜 라이징한 양파 볶음이 있으면 카레 만들기는 라면만큼이나 쉽다. 화려하지는 않지만 풍성하고 집약적인 맛을 갖고 있다는 면에서 속이 깊은 벗과 같다. 집 나간 입맛을 불러오고 싶을 땐 다른 반찬 없이 간간짭짤한 열무김치를 곁들인 카레 한 접시면 삼시세끼 든든하다. 스트레스를 풀고 싶을 땐 베트남 고추를 한두 개 정도 부셔 넣고 끓인다. 얼근한 맛에 손 부채질을 동원하며 부지런히 먹는 카레는 먹고 난 뒤에도 몸에 나쁜 죄를 저질렀다는 죄책감이 덜하다.

난 많은 종류 중에서도 큼지막한 당근과 감자, 양파를 넣은 채소 카레를 좋아한다. 오래 볶아서 달큼함의 농도가 짙어진 카레는 술술 넘어간다. 며칠 전 저녁에도 카레를 한소끔 끓인 뒤 밥 위에 듬뿍 얹어 먹었다. 한 입 두 입 먹던 끝에 수저질이 조금씩 느려졌다. 냉동고에 남아있던 양파 볶음으로 카레를 만들 때면 이것을 만들고 떠난 그가 떠오른다. 식구란 끼니를 같이 먹는 사람이라고 했던가, 그렇다면 그 사람은 나에게 식구였던 것 같다. 같이 밥을 먹고, 내일은 무얼 먹을지 이야기했던 사람. 우리는 저녁을 먹으면서 다음 끼니를 궁리했다.

난 그런 사람이 필요했다. 서로의 끼니를 챙기고, 얼굴을 마주 보며 밥을 먹는 관계. 맛있는 것을 먹으면 먼저 떠오르는 존재가 있다는 건 모처럼 만의 동심이었다. 그는 점심으로 가지 튀김이나 맛있는 빵을 보면 나를 떠올렸고, 난 제육볶음이나 소고기 뭇국을 보면 여실히 그 사람을 그리워했다. 끼니를 같이했던 때에 그와 내가 저녁으로 자주 먹은 건 카레였다. 그는 꽤 많은 양의 양파를 정성껏 볶고 또 볶았다. 자고로 카레는 정성껏 오래 볶은 양파 맛이 좌우한다고 말하며 작은 버너 앞에서 수십 분을 끈덕지게 붙어 있었다. 이때 그가 빚은 노력의 결실은 고스란히 냉동고에 보관되었고, 홀로 맛보게 되었다.

어쩌다 보니 그와 마지막으로 만난 날 먹었던 저녁도 카레였다. 배달 음식으로 시켰던 카레의 표면이 굳어질 때까지 그는 수저를 들지 않았다. 몇 번이나 전화가 울렸다. 어쩔 수 없이 그 사람은 대화를 나누던 중 자리를 비웠다. 우리의 이야기는 빙빙 돌며 해결될 징조가 보이지 않았다. 그때 겨우 한두 입 먹었던 카레의 맛은 눈물이 섞여 배릿했고, 목구멍이 틀어 막혀 한 입도 넘기기가 어려웠다. 그 뒤로 얼마간 카레는 쳐다보기도 싫었다. 냉장고 안에 성에가 생겨서 정리하던 때, 얼려둔 양파 볶음을 발견했다. 지퍼백에 차곡차곡 정리해둔 그것은 냉동고 깊숙한 곳에 있어 새카맣게 잊고 있었다. 한동안 카레를 먹지 않았기에 굳이 그것을 갖고 있을 이유가 없다고 생각했다.

'어차피 카레는 한동안 먹을 일 없을 거야.'

진력이 난 듯한 어투와 달리 난 차마 그것을 버리지 못했다. 머릿속에서 어른거리는 한 장면 때문이었다. 내 머릿속에서 그는 소곳하게 고개를 숙이고, 양파를 볶고 있었다. 부지런한 그 사람의 몸놀림이, 열중하던 뒷모습이 아물거렸다. 그가 노력으로 만든 결과물을 구태여 버리는 게 맞을까. 과거의 끼니를 같이 했던 사이로 이건 그가 남기고 간 마지막 선물일 수도 있다. 난 허허로이 서서 성에 낀 냉장고의 거듭되는 신호음을 미동 없이 듣고 있었다. 내 손에 아직 양파볶음이 남아있었다. 아마 한동안 마땅히 먹고 싶은 게 없을 때, 나의 저녁은 여전히 카레일 것이다.

재료

밥 2공기
참치한 캔
마요네즈 3큰술

양념

진간장 3큰술
설탕 약간
후추 약간
물 1큰술

요리 순서

1. 밥에 소금과 참기름을 넣어 간을 한다.
2. 참치 통조림의 기름을 뺀 뒤 마요네즈를 섞어 참치마요를 만든다.
3. 밥에 참치마요를 넣고 모양을 잡는다.
4. 간장과 설탕을 넣고 소스를 만든다.
5. 주먹밥에 소스를 바르고 팬에 올려 노릇하게 굽는다.

볶음
참깨
참치
참기름
진간장
Rich
mayonnaise

식비가 지원되지 않는 회사에서 점심값으로 1~2만 원을 소비하는 게 아까웠다. "대충 때우죠."라거나 "전에 먹었던 거기 가죠"라는 무성의한 말이 오가던 끝에 사흘 전 먹은 제육볶음과 김치찌개를 먹으러 가는 절차를 지켜보는 건 회의 시간만큼이나 고루했다. 밥을 먹을 때에 동료들에게 자주 들었던 건 "입이 짧네요."라는 말이었다. 겸연쩍게 웃으며 "먹을 만큼 먹었어요."라고 답했지만 그건 나의 본 모습을 몰라서 하는 소리였다. 난 살면서 소식이나 절식, 입맛이 도통 없는 증상을 겪어본 적이 없었다. 점심값에 대한 언짢은 심기를 품던 끝에 결국 혼자 점심을 먹었다. 자주 먹은 건 샐러드와 달걀 볶음밥이었다. 샐러드의 경우 채소와 방울토마토에 드레싱만 챙겨 가면 돼서 간편했고, 볶음밥은 여러 재료 없이 볶기만 해도 맛이 좋아서 준비에 부담이 없었다. 그러나 이 음식들을 돌려막기하듯 먹자, 한동안은 모두 먹고 싶지 않을 정도로 흥미가 떨어졌다.

'이젠 뭘 먹지?'

점심 메뉴에 대한 고갈된 아이디어를 고심하던 때에 영화 《리틀 포레스트》모리준이치, 2014를 떠올렸다. 이치코가 만든 음식 중 가장 궁금했던 건 호두 주먹밥이었다. 이 음식은 술과 간장으로 맛을 낸 쌀에 으깬 호두를 섞어 지어낸 밥을 삼각

형의 형태로 만든 거였다. 그러나 집에 호두가 없었기에 좀 더 간단한 레시피를 고민하며 냉장고를 살폈다. 고민 끝에 꺼낸 건 참치와 마요네즈였다. 기름 뺀 참치에 마요네즈 세 큰술을 섞은 뒤 통깨와 참기름, 미량의 소금을 넣었다. 그 뒤에는 잘 펴둔 밥 위에 참치 앙금을 넣어 둥글게 모양을 만들었다. 손으로 꾹꾹 눌러 만든 주먹밥은 손보다 조금 더 큰 크기였다. 이대로 먹어도 맛있지만, 눌은 볶음밥을 숟가락으로 긁어먹는 희열을 아는 사람이라면 맛에 완성도를 높이기 위한 마지막 단계를 그냥 넘길 리 없다. 난 주먹밥에 간장양념을 골고루 붓질한 뒤 프라이팬에 구웠다.

기다리던 점심시간, 사내 카페에서 구운 주먹밥을 먹었다. 양념을 머금은 표면이 바삭하게 눌어붙어 식감이 살아 있었다. 그때 E가 다가왔다. 그녀는 샐러드를 테이블 위에 밀어두고 아메리카노만 마셨다. 지쳐 보이는 E에게 난 주먹밥을 건넸다.

"저, 먹어도 돼요?"

E의 물음에 난 고개를 끄덕였다. 남의 끼니를 뺏어 먹는 건 아닌가 싶어 고민하던 그녀는 주춤하다가 주먹밥을 베어 먹었다. 그녀는 안에 숨겨진 내용물을 안 순간 '오 참치'라

고 말하며 감탄했다. 주먹밥 하나를 내어준 것뿐인데, 달뜬 반응이 귀여웠다.

"대단해요. 전 매번 샐러드 대충 사 먹은 뒤에 저녁때는 치킨이나 피자를 먹는데. 돈 벌어서 배달시켜 먹는 데에 다 쓴다니까요. 근데 또 퇴근 후 야식이 유일한 낙이고. 악순환이죠."

E는 건강하게 끼니를 챙기고 싶지만, 식생활을 바꾸는 일이 요원하다고 했다. 나 또한 자극적인 음식에 중독되어 비싼 배달료로 지출의 팔 할을 소비하던 시기가 있었다. 소소한 시도마저 이행하는 게 어려울 때는 도움닫기와 같은 충분한 예열 시간이 필요하다. E도 언젠가 나처럼 부엌을 서성이거나, 도마 위에 채소를 올리고 어설프게 깍둑썰기를 시도하게 될 날이 올지도 모른다. 점심시간이 끝날 무렵 E는 혹시 요리를 잘하는 비법이 있느냐고 물었다. 고심하던 끝에 츠지 히토나리의 『네가 맛있는 하루를 보내면 좋겠어』 츠지 히토나리, 니들북, 2022의 문장을 인용하여 답했다.

"대략 내 입맛에 맞게 만드는 게 중요한 것 같아요. 요리할 땐 레시피도 중요하지만, 만드는 과정에서 계속 간을 보는 과정이 간과되면 안 돼요. 계속 맛보다 보면 소금이나 설탕을 한 스푼 정도 더 추가하면 된다는 것을 감각적으로 알게 될 때가 오더라고요."

내 말이 E에게 도움이 되었을까. 난 요리하기 위해 식재료를 다듬고 준비하는 일에 정성을 들이는 츠지 히토나리의 글을 그 어떤 요리책보다 유용하게 읽었다. 저자는 성공적 선택이나 완벽한 결과에 대한 집착 대신 어설프더라도 무언가를 내 방식으로 만들어가는 것이 중요하다는 것을 짚어주었다.

우리의 삶은 먹고 마시고 사랑하는 일로 이루어져 있다. 그 중 첫 번째로 언급한 '먹는 일'은 생존을 위해 필요한 부분인 동시에 삶에서 유일하게 원하는 모양으로 만들어갈 수 있는 분야다. 먹고 마시고 생활하는 모든 것을 내 힘으로 운영하는 어른이 된 지 오래지만, 여전히 그 방면으로는 서툴다. 어릴 때처럼 엄마가 만들어주는 식사에 마냥 의지할 수 없으며, 자극적인 배달 메뉴에 절여져 있을 수만도 없다. 앞으로도 작은 노력과 성취로 일상을 채울 나만의 레시피를 만들어가는 자립력을 갖추어야 한다. 구운 주먹밥은 독립생활에 든든한 친구가 되어줄 음식 중 하나가 될 것이다.

울고 난 뒤의 파스타

단호박 크림 파스타

재료

단호박 1개
양파 반개
스파게티 면 적당량
버터

양념

우유 200ml
생크림 100ml
체다 치즈 1장
파마산 치즈 가루
후추
소금

요리 순서

1. 단호박을 전자레인지에 넣고 3분간 총 3번 돌려서 익힌다.

2. 익힌 단호박을 잘라 씨를 제거하고,
뚜껑 부분을 잘라 씨를 제거하고 속을 파낸다.

3. 팬에 버터를 두르고, 양파를 볶는다.

4. 익은 양파에 파낸 단호박을 넣고 볶는다.

5. 단호박이 약간 익으면 물을 조금 넣고 믹서에 곱게 간다.

6. 갈아둔 단호박을 냄비에 옮겨 붓고 생크림과 우유를 넣는다.

7. 크림이 끓을 때 체다치즈 한 장을 넣는다.

8. 미리 익혀둔 파스타면을 크림에 넣고 섞는다.

9. 뒤섞은 파스타면을 속을 판 단호박 안에 넣고 파마산 가루를 뿌린다.

Pasta
Fresh Cream
생크림

조반을 따로 챙기지 않기에 이른 저녁을 만드는 때를 기다린다. 오늘은 어떤 음식으로 식탁을 채울까. 즐거운 고민을 하고 있자니 곰삭아있던 심려와 고민도 저만치 물러난다. 뭘 먹을지에 대해 고심하는 마음에는 어떻게 하루를 마무리하고 싶은지에 대한 답이 담겨 있다. 자신을 격려하고 싶은 밤에는 진한 국물을 우려 김치 우동을 끓이거나, 결리는 것 없이 나긋하게 속을 데워주는 사려 깊은 순두부를 먹는다. 멀지 않은 곳의 자극적인 행복이 당기면 쫄면과 후추를 가득 때려 넣은 매콤한 떡볶이를 먹기도 한다. 의욕적으로 움직이는 부엌의 시간. 그 공간에서 이루어지는 바지런함이 좋은 건 무언가에 뒤쫓기는 조급함 대신 리듬감 있는 손놀림으로 한 끼를 준비하며 얻는 기대와 만족 때문이다.

혼자만의 식사, 적막한 식탁이 망연하게 느껴지면 여지없이 다운받아 놓은 프로그램을 본다. 누군가와 함께하는 식사의 기분을 느끼고 싶을 땐 맛깔나게 음식을 먹는 영상이나 여행지의 훌륭한 산해진미 앞에서 환호하는 패널들을 눈에 담으며 식은 국물을 휘휘 저었다. 당장 내 앞에 놓인 음식 대신 화면 속 영롱한 빛깔을 띠는 요리에 시선을 빼앗긴 채 '맛있겠다.'라는 감탄을 뱉었다. 정성껏 만든 음식에 집중하지 못하고, 궁색한 부러움으로 들어찬 식사는 묘하게 불행

했다. 그건 전념을 다 한 요리가 기대를 충족시켜주지 못했기 때문만은 아니었다. 이 불편감은 요리의 완성도가 아니라 내 몫으로 준비된 것에 만족하지 못하는 마음에서 비롯된 문제였다.

먹어본 적도, 가본 적도 없는 곳에 대한 어떤 이의 감상에 집중하면 내 앞에 놓인 한 그릇의 요리와 생활 반경 안의 모든 것이 초라하게 느껴진다. 난 씻은 그릇을 정리하며 이런 기분이 처음이 아닌 것 같다는 기시감을 느꼈다. 친구나 애인과 어딘가로 놀러 갔을 때도, 습관적으로 시선이 향한 건 누군가의 화려하고 멋진 사진이었다. SNS 속 근사한 기록을 내가 있는 곳의 풍경과 견주어보며 어떻게 하면 인생 사진을 찍어서 은근히 뽐낼 수 있을지 고심했다.

또 어떤 때에는 다른 이들이 남겨둔 기록을 보며 부러움 뒤섞인 감상을 내뱉었다. 난 내가 있는 곳에 집중하기보다 다른 이들이 머무는 풍경이 더 좋을 거라 확신했다. 또는 그들의 식탁에 놓일 고급 요리와 글라스 안의 짙푸른 와인을 염탐했다. 한적한 산책길을 걸을 때도, 좋아하는 재료로 만든 저녁을 먹는 순간마저 난 내가 만든 시간 안에 놓여있지 않았다. 주로 그리워하고 마음에 담았던 건 '나 아닌 다른 이들의 기록과 기억, 현실과 동떨어진 거리에 놓인 타인의 원경이었다.

신미경 작가는 『혼자만의 가정식』신미경, 뜻밖, 2019에서 자신만의 식사 의식에 대해 소개한 바 있다. 저자는 파스타를 먹으며 독서 하는 것을 즐겼는데, 일반적인 식사 때에 영상 매체를 보는 것과 달리 책을 읽는다는 점이 흥미로웠다. 그 후로 난 끼니를 챙길 때 책을 펼친다. 속도를 조절하며 독서와 식사를 즐기는 시간. 그날 저녁 먹은 건 단호박 크림 파스타였다. 엄마가 보내준 단호박에 크림과 우유를 뒤섞어 만든 것이었다.

식사 준비에 열심이었지만, 정작 먹을 때에는 오롯이 집중하지 못했던 마음과 시선을 한 곳으로 향하게 두자 훨씬 편안했다. 내가 지금 전과 달라졌나. 아니면 오늘 만든 요리가 다른 때보다 훌륭했던 걸까. 만든 음식을 음미하며 책장을 훌훌 넘겼다. 속에 걸리는 것 없이 나긋한 시간이었다.

난 자신에게 집중하기보다 타인을 의식하는 감각이 유독 발달 되어 있었다. 남들만치, 또는 남들보다 더 괜찮아 보이고 싶은 욕심이 일면 내 몫으로 누리고 있는 것들을 당연하게 여기게 하여 가치를 부정하기 쉽다. 지금 내가 할 수 있는 건 당장 누릴 수 있는 시간과 주어진 일, 직접 만들어 먹는 매 끼니에서 가장 나다운 것들을 찾아 집중하는 거다. 세상에는 객관적인 만족이나 행복이란 게 존재하지 않으며 수치상으로 정확하게 따져 점수를 매길 수도 없다. 그렇다면 내가 살 수 없는 인생이나, 주어지지 않은 상황에 대한 막연한 상상을 일삼는 대신 주변부를 공력으로 돌보는 게 중요하지 않을까. 스스로 답보하지 못하고 있다는 안타까움에 부딪힌다면 생활 안에서 최대의 만족과 보람을 계속해서 만들어 가는 수밖에 없다.

바깥 잎을 훑은 뒤 부드러운 줄기를 손질하여 나물을 다듬는 과정을 떠올려본다. 귀찮더라도 꼼꼼하게 손질해야 부드러운 제철을 맛볼 수 있듯, 정성이 깃든 손길로 식재료를 다듬는 과정은 반드시 필요하다. 인생을 잘 돌보는 방법이란 누군가의 멋들어진 모습을 보며 '대체 저들은 왜 나와 달리 근사하고 멋질까.' 하는 생각으로 하소연을 하거나 경쟁하듯 자랑할 거리를 찾는 데 혈안 되어있는 게 아니다. 그보다 중요한 건 내 몫으로 주어지지 않은 생에 대해 쓸모없는 경쟁심이나 시기를 하지 않는 것이다. "내일은 뭘 해 먹을 거예요?"라는 질문에 "오늘 먹을 음식을 준비하다 보면 내일은 어떻게든 그 날에 맞는 끼니를 챙겨 먹게 될 거예요."

라고 답할 수 있어야 한다. 다른 이들의 테이블에 놓인 화려한 디저트와 값비싼 음식에 현혹되지 않고 소박한 나만의 밥상을 단정히 차리면서 말이다.

난 부엌에서 흙 묻은 당근과 감자를 손질하는 일, 다듬은 대파와 루꼴라가 숨이 죽기 전 신선함을 잘 유지하여 만든 샐러드에서 행복을 느낀다. 면면을 알 수 없는 타인의 단편적인 모습을 부러워하거나 어긋난 기대를 갖는 대신 가장 나다운 것들로 일상을 채우는 데 열중하는 지혜는 끼니를 만들면서 배웠다.

실컷 울고 난 뒤에 퉁퉁 부은 눈가를 손등으로 쓸어본 일이 있다. 화끈거리는 감각 뒤의 홀가분함이 후련하고 좋았다. 쉼 없는 달음박질을 이어가다 밭은 숨을 몰아쉴 때, 온몸에서 뿜어져 나오는 열기가 손 끝에서 어루만져지는 순간은 어떠했나. 끓어오른 솥 안에 적절한 간을 가미할 때 초록불의 식욕이 깜빡이는 현상도 좋아하는 장면 중 하나다. 이 모든 건 오롯이 감각에 집중할 때 느껴지는 생동감이었다. 난 주어진 것에 열중했을 때 와 닿는 느낌 속에서 살아있음을 의식했다. 이대로도 괜찮구나, 그 사실을 알게 되자 평안함이 감돌았다.

혼자보다는 같이

두부 브라우니

재료

부침용 두부 한 모

다크 초콜릿 90g

통밀가루 150g

비정제 원당

카카오 파우더 적당량

베이킹파우더 약간

초코칩 적당량

두유 250g

소금 약간

설탕 80g

식물성 오일 70g

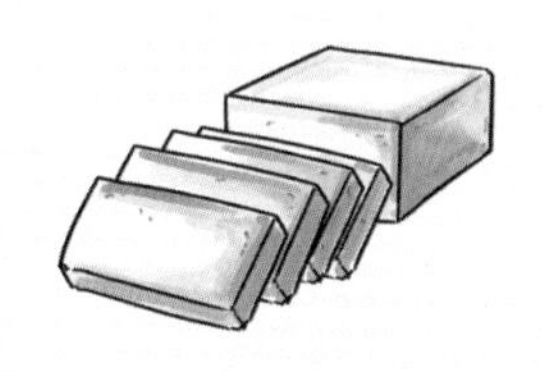

요리 순서

1. 부침용 두부와 통밀가루를 섞는다.
2. 반죽에 비정제 원당과 카카오 파우더, 초코칩을 넣는다.
3. 소금과 두유, 초코칩을 반죽에 섞는다.
4. 반죽을 틀에 넣고 예열한 오븐에서 25분 굽는다.

organic
CaCao Powder
Stone Ground
매일
두유
초코칩믹스

누군가를 위해 요리하는 것에 즐거움을 느끼는 이들은 음식을 만들 때 '함께 먹고 싶은 사람'을 떠올린다. 마치 사용할 사람의 입장을 떠올리며 그릇을 빚어가는 어떤 섬세한 장인처럼. 자신이 만든 음식을 누군가 맛있게 먹어주는 것에 대한 보람을 느낀다. 먹는 이들에게 듣게 되는 감탄은 깊고 진한 육수와 같이 마음에 오래 남는다. 내 손에서 만든 것이 어떤 이의 귀중한 끼니가 되거나 허기진 속을 달래주는 역할을 할 때의 기쁨을 알면 혼자 하는 식사에서 고개를 돌려 다른 이를 위한 한 끼를 만들고 싶어진다.

환대와 베푸는 즐거움의 선순환에 대해 알게 된 건 직장 상사 P 덕분이었다. P는 음식을 먹는 것보다 만드는 것을 좋아했다. 모름지기 요리란 누군가와 나누는 과정에서 완성된다는 것을 잘 아는 부류라는 점이 좋았다. 그는 월요일의 나른함을 깨우듯 주말의 식사 일지를 공유했다. 난 P를 보며 나누는 요리의 미덕을 깨달았다. 타인을 위해 요리하는 즐거움을 아는 사람은 대충하자는 생각이나 버릇처럼 이어지는 귀찮음이 없다는 것을.

그는 가끔 예정에 없는 뜻밖의 초대로 근사한 점심을 대접하곤 했는데, 아늑한 집 분위기가 어느 한적한 시골의 카페 같았다. 오래되고 낡은 빌라를 개조하여 만든 P의 집. 그 집 창가에는 원목 테이블이 놓여있다. 직사각형 테이블에서 네 명이 앉으면 빈 곳이 없을 정도로 즐비하게 음식이 채워진다. 어떤 때에는 전통 이탈리아 까르보나라가, 또 어떤 때에는 감자의 비율이 높은 쫀득한 시금치 감자 뇨키와 당근 파운드 케이크가 놓여 시선을 사로잡았다. 작은 부엌 안에서 P는 분주하게 움직였다. 바지런한 몸놀림과 목덜미에서 흐르는 땀을 발견할 땐 못내 미안했다. 음식을 직접 만드는 일이 많아지면서 알게 된 건 단독 메뉴를 준비하는 데에도 많은 품과 시간이 들어간다는 것이다. 그럼에도 P는 서너 개의 요리를 단시간 안에 훌륭하게 만들어냈다.

그에 대해 잘 모를 땐 이런 생각을 했다. P는 요리를 잘하고 좋아하니 무엇이든 쉽게 만들어내는 거라고. 요리 능력자는 다르다는 말로 난 P의 노고를 단순하게 정의 내렸다. 요리하는 과정의 즐거움도 있겠지만, 그는 가까운 이들과 식사를 나누고, 대화하는 것. 맛있다는 감탄을 내뱉는 사람들의 미소를 진심으로 좋아했다. 자발적인 수고를 들여 굳이 음식을 대접하는 노력의 저변에는 주변인들을 향한 애정이 담겨 있었다. 섬세한 P의 솜씨는 본인의 만족보다 타인의 마음을 채워주는 이타심에서 비롯됐다는 걸 알게 됐다. 그

깨달음은 요리를 직접 하게 되면서 얻은 것이다.

이제 막 요리를 시작했을 땐, 직접 만든 것을 나눌 엄두를 못했다. 난 P와 같은 솜씨도 없을뿐더러 단독의 끼니를 챙기는 일도 버거웠다. 어느 주말, 평소보다 넉넉하게 준비한 재료를 활용하여 낯선 도전을 하게 됐다. 그날 만든 건 밀가루가 들어가지 않은 브라우니였다. 부산하게 오븐을 예열한 뒤 부침용 두부와 통밀가루를 섞은 반죽에 비정제 원당과 카카오 파우더, 소금과 두유, 초코칩을 섞은 뒤 틀에 넣었다. 이대로 25분간 구우면 완성되는 간단한 베이킹이었다. 레시피 대로 만든 브라우니는 한 김 식힌 후 먹기 좋은 크기로 잘라 친구들에게 나눠주었다.

비건식이 보편화 되었다고 해도 여전히 호불호가 나뉜다. 그걸 알기에 만든 브라우니를 선물로 건네면서 "건강한 맛이라 기대는 하지 마세요."라는 첨언을 덧대었다. 그런데 예상외로 브라우니에 대한 반응은 좋았다. 브라우니 맛이 진해서 맛있다거나 두부 맛이 느껴지지 않는다는 평을 듣자 먹는 기쁨과는 다른 뿌듯함을 실감했다. 이후로 음식을 만들면 맛있게 먹어준 친구나 동료의 얼굴을 떠올리며 넉넉한 양을 만드는 습관이 생겼다.

P에게 물었던 적이 있다. 어째서 그 귀찮고도 지난한 과정을 거쳐야 하는 요리를 좋아할 수 있느냐고. 묻고 난 뒤 어이없는 실언 같다고 생각했다. 좋아하는 데 이유가 있을 리가 있나. 내가 글을 쓰는 일을 즐기는 것도 무언가를 얻기 위한 목적이 아닌 것처럼 요리도 그에게는 즐거운 관성으로 하게 되는 일일 것이다. 나의 엉뚱한 질문에도 P는 성의껏 답해주었다.

"난 먹는 것보다 만들어서 베푸는 게 즐거워. 내가 만든 음식을 먹을 때 주변 사람들이 얼마나 기뻐할지 떠올리며 요리하는 과정도 좋고. 다른 때는 번잡한 생각과 고민으로 들어차 있던 머릿속이 신기하게도 부엌 앞에 섰을 때 명료해지는 것도 매력이지."

요리에 집중하는 때에 내면에 선명하게 그려지는 게 친구나 가족이라는 답을 들으며 마음 한구석이 알맞은 온도로 데워지는 기분이었다. 다른 이를 위해 만든 요리란 어떤 맛으로 완성되든 의미가 있다. 그 노고와 정성은 이타심을 기반으로 한다는 점도 마음에 든다. 나 또한 자신을 위한 요리뿐 아니라 누군가를 위한 음식을 자주 만들고 싶다. 다른 이를 위해 요리하는 이의 내면에는 분명 누군가를 수용하고,

너그럽게 보는 시선과 신뢰가 담겨 있다. 이젠 나도 보잘것 없는 솜씨로나마 무언가를 만들어 건네는 이벤트를 자주 계획하려 한다. 넉넉하게 만들었는데, 같이 먹고 싶다고 수줍게 말하면서.

새벽에 만든 잼은 조금 더 달콤하다

키위 잼

재료

키위 적당량

설탕 키위와 동량으로 준비

레몬즙

요리 순서

1. 키위를 잘게 자른다.

2. 자른 키위와 동량의 설탕을 넣고 냄비에서 끓인다.

3. 키위가 자작하게 익으면 국자를 이용해서 으깬다.

4. 끓고 있는 잼에 레몬즙을 넣는다.

5. 약불에서 은근하게 잼을 졸인 후 내용물이
절반으로 줄어들면 불을 끈다.

6. 식힌 잼을 소독한 병에 옮겨 담는다.

식빵에 발라 먹으면
맛있겠지.
Sugar

제주에서 언니가 레드 키위를 보냈다. 유순한 초식동물 등에 돋아난 잔털이 이와 비슷하지 않을까. 손끝에 만져지는 키위 겉면의 짧은 잔털 사이를 가르자 채도 높은 녹빛 과일의 중심부의 붉은 번짐이 꽃무릇과 닮았다. 척 보기에도 생김새가 평소 먹던 키위와 달라서 궁금함을 이기지 못하고 바로 맛보았다. 유독 감미가 도는 맛에는 키위 특유의 새콤함이 배제되어 있었다. 레드키위의 당도는 일반적인 키위와 다르게 녹진했는데, 알고 보니 무화과를 접목한 품종이라고 한다. 뭉근하고 진한 맛이 함축되어 있는 게 매력적이었다. 그러나 슬프게도 이 과일은 무화과의 기질을 짙게 갖고 있어서 유독 쉽게 물렀다. 앞질러 후숙된 키위를 어찌할까 고민하다 잼 만들기에 돌입했다.

보통 잼을 만들 땐 과일과 설탕의 양을 1대1 비율로 잡지만 키위의 당도가 높아서 설탕을 적게 넣었다. 잘게 자른 키위에 설탕이 뒤섞여 졸기 시작하면, 레몬즙을 한 스푼 넣는다. 레몬즙은 과일이 갖고 있는 고유의 색을 선명하게 해주고 뒷맛을 산뜻하게 매듭지어주기 때문에 넣는 것을 추천한다. 잼의 농도는 어림짐작으로 알 수 있지만 정확한 진단이 필요할 땐 약간의 잼을 물에 떨어뜨려 보면 된다. 점성이 섞여 있을 만치 묽은 상태가 되면 바로 불을 끈다. 식은 뒤에

딱딱해지는 설탕의 성질을 감안하여 오래 끓이지 않는 게 중요하다. 콩포트 정도의 묽기를 지니고 있어야 식은 뒤에 잼다운 잼이 된다. 완성된 잼은 부드러운 쌀 바게트에 발라 먹었다. 달큼함 뒤에 새콤함이 감도는 균형 잡힌 맛이었다. 이후에도 엄마가 보내준 사과와 귤, 한라봉이 생명 부지 기한이 임박하면 설탕을 넣고 자작하게 졸인다. 혼자 살다 보니 과일이나 채소가 온건한 상태일 때 모두 먹는 건 어렵다. 내가 먹는 속도보다 두 배는 빠르게 생기를 잃어가는 과일을 보면 수습하는 손길이 분주해진다.

잼을 만드는 건 까다로운 요리 실력을 요구하지 않으며 약간의 시간만 쏟으면 된다. 과일의 상한 부분을 제거하는 사소한 번거로움, 그 뒤에 설탕과 열기가 어우러져 만든 감미로운 향과 맛에서 얻는 기쁨, 만들어진 잼을 떠서 빵 위에 고루 얹어 먹을 때의 보람. 이 모든 건, 위기에 처한 과일의 심폐소생을 경험해 본 적 있는 이들이라면 공감할 것이다. 손한번 쓰지 못한 채 아까운 과일을 처분해야 하는 순간이 오면 자책을 하게 된다. 그럴 땐 '지금 사과가 맛있는 철이야.'라던가 '노지에서 재배한 햇고구마니까 먹어봐.'라는 메시지와 함께 보내준 이의 마음이 유독 잘 읽힌다. 그 마음이 얼마나 소중한지 알기에 하나라도 버려지는 게 있어서는 안 될 것만 같다. 제철의 신선한 맛을 선물해 준 이가 원하는 답은, 상자 가득 담겨 있는 이 열매를 맛있게 먹는 것에 있다.

어느 한날, 뒤늦게 확인한 메시지에 답문을 보내자 곧바로 친구에게 전화가 왔다.

"아직 안 자?"

그만 그렇게 돼버렸어라고 대답하며 찬장의 간접 등을 켰다. 이전보다 빠른 템포로 냄비가 끓어댔고, 레몬즙을 넣어야 하는 시점이었다.

"살아나고 있군."

안도의 빛을 띠며 중얼거리자, 휴대폰 너머로 무얼 하느냐고 묻는 음성이 들렸다. 난 꽤나 보람된 발명을 한 사람처럼 잼을 만들고 있다고 답했다. 친구는 새벽에 잼을 만드는 나의 기행을 신기하게 여겼다.

난 잠이 오지 않는 평온한 밤과 새벽 사이에 이따금 잼을 만들었다. 굳이 하지 않아도 될 일을 만드는 게 아닌가 싶어 망설이던 것도 잠시, 과일을 자르고 가스 불을 켠다. 빠른 손놀림으로 숨이 죽은 과일의 단잠을 깨운 뒤 깊고 진한 맛을 설탕에 응고시킨다. 눈을 감고도 진행할 수 있을 만큼 능숙한 움직임은 새벽의 중심부에서 순조롭게 이어졌다. 이렇듯

난 누군가의 사려 깊은 마음을 잊지 않고 보관하기 위해 잼을 만들었지만 주된 이유에는 위기에 처한 과일의 존속만 있는 건 아니었다. 다른 이유로 잼을 졸이는 날도 많았다.

"잼을 졸이는 다른 이유는 뭔데?"
"그건… 마음의 환기를 위해서야."

새끼손가락 끝에 돋은 거스러미조차 뜯어내기 귀찮을 만큼 의욕이 없는 시기, 무기력에 대한 저항감을 유지하기 위해 선택한 건 잼 만들기였다. 간소한 절차로 완성되는 잼은 요리 솜씨 따윈 없어도 근사하게 완성할 수 있었다. 열기와 시간, 설탕만 있다면 금세 색과 맛을 잃는 과일이 되살아난다.

"매일이 똑같이 느껴져서 지치는 날, 녹녹하게 잼을 조리는 거야. 오랜 시간과 정성을 들이지 않더라도 완성된 잼을 먹으면 이런 안도가 들거든. 약간의 시간을 들였을 뿐인데 이렇게 맛있는 것도 만들어지는구나 하고. '어떤 일이든 잼을 졸이듯 시작해 보면 어떨까' 하는 일말의 용기가 슬그머니 고개를 들어서 좋더라고. '이렇게 죽기 직전의 과일도 살릴 수 있는데, 막상 나도 뭐든 시작 하면 어떤 완성에 도달하지 않겠나'라는 작은 의욕이 일기도 하고."

감정의 사이클에 끌려 다니지 않되 완급 조절에 능숙하려면, 쉽게 달성할 수 있는 작은 목표를 실행하는 게 중요하다. 가령 잠이 오지 않는 새벽의 잼을 졸이는 것처럼 약간의 수고로 큰 보람을 느낄 수 있는 것이면 제일 좋다. 새벽녘 잼을 졸이는 일은 완성된 진액을 갓 구운 빵에 얹어 먹는 아침 풍경으로 이어졌을 때 완성된다. 노잼이 유잼이 되는 건 시간 문제, 삶이 무기력할 땐 넉넉한 냄비를 준비하는 게 도움이 된다.

Chapter 4. **겨울**

성숙이 여무는 계절

곶감 버터 말이

재료

곶감
무염 버터
호두

요리 순서

1. 곶감의 한 면을 잘라내고 씨를 제거한다.

2. 버터와 호두를 충분히 넣고 곶감을 만다.

3. 곶감 말이를 호일로 감싸고 냉장고에서 한 시간 보관한다.

4. 먹기 좋은 크기로 잘라서 먹는다.

음식을 좋아하는 사람에게 소울 푸드를 하나 꼽으라는 질문은 꽤나 어렵다. 음식마다 다양한 이야기가 넘쳐나고, 시기마다 먹어야 할 이유도 여러 가지다. 계절이 바뀔 적마다 어떤 음식을 먹을지 궁리하는 재미도 즐겁다. 그렇다면 올겨울은 어떠할까?

코끝을 스치는 바람의 온도가 서늘해지면, 엄마는 묵직한 택배를 보내주었다. 계절마다 상자에 담겨 있는 것은 다른데, 여름에는 수박과 복숭아, 겨울에는 곶감이다. 이번에도 잘 말린 곶감이 한 상자 도착하자마자 단숨에 세 개를 먹었다. 감이나 홍시는 찾아 먹지 않지만 잘 말린 곶감의 노긋한 단맛은 오랜 시간 머릿속에서 떠나지 않는다. 제사상에 있던 곶감 중 하나를 몰래 먹다가, "이 맛이야."하고 번뜩 알게 된 것인가 싶기도 하다. 세련미 없는 질박한 맛은 고향을 떠올리게 하여 나도 모르게 찾게 된다. 엄마는 최상의 곶감을 찾기 위해 백방으로 알아봐 주었고, 제일 맛있는 상품을 택배로 보내주는 일에 진심이었다.

작년에는 설마른 곶감을 보내준 것이 마음에 걸렸는지 올해는 신경 써서 보내주었다는 메시지를 받았다. 엄마가 보내준 곶감은 표면의 탄력이 좋고 백분이 거의 없는 것이 대부분이었다. 한 입 베어물자 씹는 맛이 쫄깃했다. 난 곶감 귀신이 들러붙은 게 아닌가 싶을 정도로 게 눈 감추듯 받은 것을 먹어버렸다. 어렸을 때부터 이런 식성을 갖고 있었다. 옥수수, 감자, 고구마, 곶감 등 변비에 걸리기 좋은 것을 꽤나 즐겼다. 탐미적인 맛에 현혹되어 과도하게 섭취한 뒤에는 변기에 엉덩이를 붙인 채 된통 고생했던 일이 몇 번이나 있지만, 자제하지 못했다. 그런 경험 이후에도 촉진 음식을 과도하게 즐기는 건 왜일까? 그만큼 이 음식의 중독 증상은 상당하다. 난 더 먹고 싶은 마음을 누르며 나머지 곶감은 냉동고에 얼려두었다.

곶감을 요리하여 먹는 방법은 간단하다. 먼저 주먹을 쥔 아이의 손처럼 경직된 곶감을 살살 어루만진다. 조물조물 만져서 이완시킨 곶감은 꼭지 부분을 자르고 김밥처럼 펼친 뒤 씨를 제거한다. 잘 펼친 곶감 안쪽에 무염 버터를 잘라 넣고 식감을 위해 호두를 부수어 넣은 뒤 돌돌 만다. 모양이 견고하게 잡히도록 랩으로 고정한 후 꾹 힘을 주는 게 좋다. 그 뒤에는 냉장실에서 한 시간 정도 보관해뒀다가 잘라준다. 먹기 좋은 크기로 자른 곶감 말이는 차를 마실 때 다과로 곁들인다.

'차는 역시 혼자보다는 같이 즐기는 게 좋은데.'

난 개완을 따뜻하게 데우며 중얼거렸다. 문득 차를 자주 마시던 C가 떠올랐다. C와의 메신저 창에는 내가 보낸 메시지만 동그마니 떠 있었다. 발신자는 있으나 수신자가 없는 메시지. 그것이 의미하는 바가 무엇인지에 대해 아는 바가 없었고, 해석할 여지도 없었다. 어렴풋이 예상하는 바는 표면적으로는 가뭇없어 보이는 시간이더라도 C에게 꼭 필요한 과정일 거라는 것. 현실을 벋디뎌 살아내는 과정을 추동력 있게 바꾸기 위해 그녀는 무언가를 준비하거나 고민하고 있지 않을까.

감이 발갛게 익어가며 떫은맛이 깊어지기까지 많은 시일이 걸리는 것처럼 그녀에게도 익어가기 위한 넉넉한 시간이 필요할 것이다. 머잖아 따사로운 햇살에 익은 생감을 꼬챙이에 내리꿰어 말리는 때가 올 것이고, 조금씩 옅은 갈색에서 진한 갈색, 더 진한 고동색으로 변해 가며 곶감의 당도가 깊어지듯 우리 또한 한 층 더 어른이 되어 있을 거다. 부드럽고 맛있는 곶감이란 그냥 만들어지지 않는다. 그러니 나의 식탁에 놓인 저 버터 곶감말이는 그저 그런 시시한 디저트가 아니다. 그 사실을 알고 있기에 지금의 디저트 타임이 숭고하게 느껴진다. 어쩐지 이것을 C에게 알려주고 싶었다.

난 마시던 찻잔을 내려놓고, 곶감 말이를 찍어서 보냈다.

영화《리틀 포레스트》모리 준이치, 2015에서는 '겨울이 와야 정말로 맛있는 곶감을 먹을 수 있다'라는 대사가 나온다. 그 문장대로, 코끝이 시큰한 추위에 콧물을 훌쩍이며 따끈한 차와 곁들이는 곶감 한입은 그 달콤함이 배가된다. 그래서 난 겨울이 곶감의 맛과 닮았다고 생각한다. 곶감 표면의 시상은 겨울의 시작을 알리는 진눈깨비와 닮아서 표면에 혀끝을 살짝 대 보기도 한다.

한 달 뒤, 봄이 오기 전 C에게서 답문이 왔다.

연락 늦었다. 아직 내 곶감도 있을까? 괜찮으면 나도 곧 감.

그간 연락을 하지 못했던 것에 대한 미안함이 담겨 있는 연락에 피식 웃음이 나왔다. 아직 냉동고에는 그녀와 나눠 먹을 수 있는 곶감이 남아있었다. 난 웃으며 함께 먹을 새로운 곶감 말이를 만들었다. 겨울이 지나기 전 우리가 함께 곶감을 먹을 수 있어서 다행이었다. 곶감은 곧 겨울의 맛이니까.

월동 준비는 든든하게

재료

밤 500g

소스

베이킹 소다 1작은술
와인 or 럼, 1작은술
진간장 1작은술
설탕 적당량
(밤 양에 따라 조정)

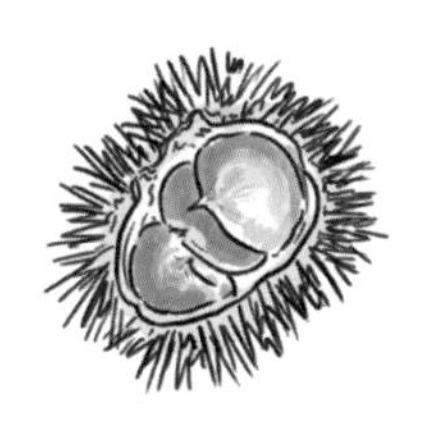

요리 순서

1. 물에 불린 밤의 껍질을 깐다.
2. 베이킹 소다를 녹인 물에 밤을 넣고 하루 동안 불린다.
3. 중불에서 30여 분간 끓인다.
4. 새 물을 받아 준비된 밤을 끓이는 과정을 세 번 반복한다.
5. 상처 난 밤을 고르고, 잔털과 심지를 이쑤시개로 정리한다.
6. 밤에 설탕과 와인을 붓고 50여 분 끓인다.

베이킹소다
진간장

눈을 감으면 익숙한 가을 풍경이 떠오른다. 엄마가 기워준 양말의 뒤축이 해질 만큼 열심히 뛰놀다가 돌연 걸음을 멈춘 건 개울녘 둔치였다. 그 앞에는 어깨를 실그러뜨린 밤나무 두엇이 있었다. 가시 돋친 밤송이가 나무에서 쏟아져 내릴까 봐 무서웠지만, 자리를 떠나지 못했다. 주위를 배회하던 끝에 수풀 사이로 밤송이가 보이면 두 발로 꾹 눌러 밟았다. 뭉개진 가시 사이로 윤택한 알밤이 보이자, 둥근 감탄이 터졌다. 다람쥐의 끼니가 될 것을 남겨두고도 자루를 든든히 채울 수 있는 그 가을은, 마음이 허전할 틈이 없었다.

가을이 가까워 오면 든든한 간식을 내어주던 밤나무가 그리워진다. 나무 주위로 펼쳐진 들녘과 폭이 좁은 개천, 풍요로운 햇살을 상기하게 되는 건 오래 떠올려도 질리지 않는 추억의 맛이 한 시절을 받치고 있기 때문일 것이다. 연이어 떠오른 기억의 이 끝에는 토실한 밤을 까주던 엄마의 모습도 있다. 꽉 찬 밤을 작은 티스푼으로 퍼서 밥공기 가득 담아주었던 때, 입안을 채우던 달콤한 밀도감은 포근한 간식거리였다.

요즘은 밤을 주우러 다닐 일이 많지 않지만, 어김없이 때가 되면 찾는다. 구워 먹거나 쪄먹는 것도 좋지만 겨울 간식으로는 밤조림이 제격이다. 간편하게 구매한 밤을 손안 가득 쥐자 중량감이 전해졌다. 난 곧바로 밤을 베이킹소다가 담가 하루 동안 두었다. 다음날, 물에 잠겨 있던 것을 냄비로 옮긴 뒤 중불에서 30여 분간 끓였다. 새 물을 받아 준비된 밤을 끓이는 과정을 세 번에 걸쳐 반복하는 시간. 밤이 익어가는 틈틈이 짧은 호흡의 산문집을 읽었다. 이때의 독서는 열심히 읽겠다는 각오를 가져서는 안 된다. 미용실 의자에서 훌훌 잡지를 넘기는 것과 같이 나태하게 읽는 편이 어울린다. 책을 읽다 보니 끓는 소리가 깊어졌다.

"이대로 설탕물에 끓이면 되는 거 아니야?"
놀러 온 J가 오랜 기다림에 지친 얼굴로 물었다.
"표면에 남아있는 잔털이나 심지를 정리해야 해. 상처 난 밤은 조리면서 부스러지거나 국물이 지저분해질 수 있어서 골라내야 하고."
우리 둘은 상처 난 밤을 고르고, 잔털을 정리했다. 반복되는 작업에 지루해진 J는 '밤 조림이 이렇게 먹기 어려운 거였다니.'라고 중얼거렸다. 먹어도 그만 안 먹어도 그만인 간식에 들어가는 노동력이 이 정도로 수고스러운 줄 몰랐다는 당혹감이 서린 어투에 나는 웃었다.
"그래서 밤 조림이 비싼 거야. 티 나지 않는 정성이 상당량 투입되니까."

"맛있어도 한 번에 다 먹지는 못하겠다. 한 알 한 알 손이 너무 많이 가."

그렇게 말하는 것 치고 앞으로 손질해야 할 밤이 많다고 응수하자, J는 작업에 박차를 가했다. 정돈된 밤에 설탕과 와인을 붓고 50여 분 끓이자 비로소 밤 조림이 완성되었다. 소독한 병 안에 밤을 옮겨 담은 뒤 각각 한 통씩 나눠 가졌다. 최소 일주일 정도 숙성시켜 두었다가 먹을 것을 권하자 그녀는 고개를 저으며 '그간 연근 조림, 달걀 조림 등 여러 조림을 섭렵했지만, 밤 조림만큼 까다로운 녀석도 없다.'라고 말하며 투덜거렸다. 그러나 내심 숙성 후의 맛의 변천을 기대하는 눈치였다.

J의 말마따나 밤 조림은 슈퍼에서 산 간단한 스낵처럼 먹어 치우는 간식이 아니었다. 한 알의 밤에는 켜켜이 시간이 쌓이면서 이뤄낸 다층적인 감미가 돌았다. 그 맛이란 숙성될수록 증가하는 것이라 언제 그런 수고를 들였는지 기억이 흐릿해졌을 즈음 먹는 게 좋다. '가만, 나한테는 밤 조림이 있었지!'라고 말하며 냉장고 한구석에 있던 병을 개봉해 작은 접시에 알밤을 옮겨 담는다. 뚜껑을 열었을 때, 은은하게 풍기는 단내는 겨울에 먹는 핫초코와 같은 무게감이 감돈다. 뭉근한 단맛의 가장자리를 웃도는 와인 향은 먹기 전

부터 기분을 들뜨게 한다. 주전자가 끓는 동안 미리 한 알 먹어 보았다. 사탕 버캐 따위가 내려앉지 않았는데도 자연스럽고 진한 단맛의 풍미가 알맞았다. 과연 응축된 시간의 결과는 다르다는 것이 느껴지는 맛이었다. 새로운 해의 초입에 철 지난 캐럴을 들으며 밤 조림을 접시에 옮겨 담았다. 그때, J로부터 연락이 왔다.

"오늘 딱 밤 조림이 생각나서 꺼내봤는데, 숙성되니까 더 맛있는 거 있지! 고생했던 걸 까맣게 잊고 내년에도 너랑 또 밤 손질을 할지도 몰라."

난 그 말에 고개를 끄떡이며 밤 조림이란 바람이 매서운 겨울에 혀끝에 대롱대롱 매달고 싶은 진한 달콤함이라고 답했다. 겨우내 그런 기분이 감도는 날에는 이만한 간식이 없다고. 그 달큼함에 길들면 귀찮음을 무릅쓰고서라도 배포 좋게 밤 한 되쯤은 너끈하게 사버리는 용기가 생길 수 있다. 난 내년에도 J를 밤 손질을 할 때 살살 구슬려야겠다고 남몰래 생각했다.

난 밤 조림을 이용하여 라떼나 스프를 만들어 먹어도 좋다는 말로 그녀를 구슬렸다. 밤 조림이 활용도가 높다고 찬양한 건 내년 겨울에도 이 맛에 꿰어서 부지런히 한 철을 준비하기를 바랐기 때문이다. 내가 보내는 동계에는 잘 여문 밤톨이 게으름에 의욕이 꺾이지 않도록 마음 중심을 지지르는 문진의 역할을 해주었다.

재료

무 1/2
소고기 적당량
대파 1개
멸치 육수(코인 육수 활용)

양념

국간장 2큰술
다진 마늘 1큰술
참기름 2큰술

요리 순서

1. 무와 대파를 적당한 크기로 썬다.
2. 냄비에 참기름을 두르고 소고기를 먼저 볶는다.
3. 소고기가 불투명한 빛깔로 변하면 무를 넣고 익힌다.
4. 물을 넣고 30분간 끓인 뒤 마늘, 국간장, 소금으로 간을 맞춘다.
5. 마지막에 대파와 후추를 넣는다.

참기름
국간장
국산

망원시장에서 커다란 무를 사 왔다. 구태여 집 앞 마트를 두고 먼 곳에서 산 건 둥근 무의 매끈한 자태에 현혹된 탓이다. 겨울 무는 여름 수박의 아작함과 비교할 수 없을 만큼 맛이 좋다. 난 손이 귀한 집의 아이를 안듯 통 큰 무를 품에 들고 걸어갔다. 손이 곱을 정도로 써늘한 밤, 치부는 바람이 매서웠지만, 저녁으로 먹을 뭇국을 떠올리며 걸음을 힘차게 더뎠다. 냉장고에 남은 찬거리를 헤아리다 보니 정류장에 도착했다. 난 무가 담겨 있는 검은 봉투를 의자 옆에 놓고, 고간에 손을 끼워 넣었다. 미약한 온기가 전해지자 고부장하게 곱았던 손이 풀어졌다. 집에 가면 곧바로 무를 자르고, 소고기를 기름에 빠르게 볶아야겠다고 생각했다. 오늘처럼 허기진 날, 배달 음식의 유혹을 뿌리치기 위해선 짧은 시간 안에 음식을 완성하는 게 중요했다.

집에 도착한 후 무를 얇은 두께로 썰어두고, 대파도 어슷 썰었다. 그 사이 냄비에 참기름을 한 바퀴 휘두르고, 소고기를 달달 볶다가 썰어둔 무를 넣고 투명해질 때까지 익혔다. 다음으로 물을 넉넉히 넣어 끓이면 완성까지 얼마 남지 않았다. 이제 간을 맞출 차례. 다진 마늘과 국간장, 대파와 설탕을 넣고 후추를 뿌린 뒤 바글바글 끓이면 무에서 응축되었던 단맛이 해체되면서 국물 안에 풀어진다. 완성된 국을 한 입 맛보면 '살 것 같다.'라는 말과 함께 희미한 안도가 흘러나온다. 가슴을 쓸어내리며 서둘러 밥을 데웠다. 밥 한 그릇과 국 한 대접. 한두 입 먹다 보면 창백했던 얼굴에 혈색이 돌고, 쥐가 날 만큼 경련이 일던 손과 발이 자유자재로 움직여진다.

그때 난 내 몸이 무사히 생동하고 있음을 느낀다. 밥심이라는 말이 괜히 있는 게 아니라는 것을 느끼게 되는 안도의 맛. 아니 이건 일종의 감동이다. 겨울에 맛보는 무는 쾌락을 동반한다는 면에서 겨울 수박이 아닐까. 달큼하면서도 아삭하고 개운하면서도 부족함 없으며 태를 부리지 않는 자연스러운 맛은 어떤 음식과도 잘 어울린다. 물론 어느 때나 무에 대한 찬가가 가능한 건 아니다. 무에 대한 찬양을 허용할 수 있는 건 겨울에 한해서다. 같은 방식으로 요리하더라도 겨울에 만든 소고기 뭇국은 자별한 음식으로 인식된다. 특히 3년 전 겨울 먹었던 소고기 뭇국은 더욱 특별하다. 그 이유가 무엇인가 떠올려보면, 나의 기억 한 곳에 더해져 있는 한 사람과의 추억 덕택이다.

아침 메뉴로 무얼 먹고 싶으냐는 나의 질문에 남자는 '소고기 뭇국'이라고 답했다. 난 그를 위해 부족한 솜씨로 소고기 뭇국을 끓였다. 나는 국을 떠먹는 그에게 몇 번이나 '맛있어?'라고 물었다. 한소끔 끓인 소고기 뭇국으로 함께 식사하던 그 시간을 난 꽤 사랑했던 것 같다. 여전히 난 기억에 기대어 장을 보고, 내 입맛에 알맞은 것을 긴하게 요리한다. 간편한 재료로 맛있는 음식을 만드는 건 글쓰기만큼이나 즐거워서 간혹 마음에 악천후가 휘몰아치면 부엌으로 걸음한다. 그래서 나의 요리는 느닷없이 새벽에 시작된다. 늦은 밤 어슴푸레하게 불이 켜진 곳에서 맛있는 연기가 피어오르고 있다면 그건 아마 우리집일 것이다. 특히 한겨울, 구수한 소고기 뭇국 향이 풍긴다면 분명 이곳이 맞다.

난 소고기 뭇국의 맛을 알게 해준 그가 더 이상 밉지 않다. 아니 미워하려야 미워할 수 없다.

"넌 언제 그 사람한테 벗어날 수 있는 거야."

얼마 전 대화에서 그 사람을 언급하는 나를 안타까워하며 친구가 물었다. 나의 선택과 가치관, 연애에 있어 분명한 결과 경계를 만든 대상을 어떻게 잊을 수 있나. 삶에 중요한 변곡점이자, 허물어야 할 벽 중 하나였던 사람, 그의 존재가 허물어진 날을 기념하는 건 슬프면서도 다행스럽고, 처연하면서도 기뻐해야 할 일이었다. 난 친구에게 그와의 관계가 홀연히 끝난 기억에 관하여 감정적 해석을 더하지 않고, 헛된 희망을 품지 않게 될 날을 기다리는 중이라고 답했다.

친구에게 고백했던 대로 난 여전히 태연자약한 하루를 기다리고 있었다. 누군가 없다는 생각을 의식하는 마음에는 지우려고 안간힘을 쓰는 상대가 유령과 같이 떠다니고 있었다. 내 안에는 소고기 뭇국에 들어있는 투명한 무처럼 그 사람에 대한 상념이 불투명하게 부유했다. 생각에 잠겨 있는 사이 국물이 끓어올랐다. 서둘러 불을 끄고, 밥을 공기에 옮겨 담았다. 식탁에 앉아 국물을 마셨다. 후추를 많이 넣어 개운하고, 뒷맛이 칼칼했다. 수저로 국물을 천천히 휘저으며 손가락을 천천히 꼽아보았다.

"그러려면 난 얼마나 많은 겨울에 이 뭇국을 먹어야 할까."

무슨 말이냐고 되묻는 친구에게 난 조용히 웃으며 말했다.

"가까이에 누가 있느냐에 따라 식성도 자연히 닮게 되더라고. 그 말은 곧 내가 그 애를 따라 이젠 무를 좋아하게 돼버렸다는 뜻이야."

나는 투명한 무를 한 수저 떠서 입으로 가져갔다. 내 기억은 전 같지 않았지만, 겨울 무는 맛이 깊었다.

재료

신김치 적당량
부추 or 파 1줌
당면 1줌
두부 1모
숙주나물 300g

소스

고춧가루 1큰술
설탕 1작은 술
진간장 3큰술
다진 마늘 1큰술
청주 1큰술
후추 약간

요리 순서

1. 적당량의 당면을 5분간 삶는다.

1. 숙주는 삶은 뒤 물기를 빼고 잘게 썰어 넣는다.

3. 두부는 물기를 제거 후 으깬다.

4. 부추, 숙주나물, 파, 신김치 적당량, 당면, 두부를 넣고 섞는다.

5. 미리 만들어둔 소스를 넣고 골고루 섞는다.

6. 만두피에 적당량의 소를 넣어 예쁘게 빚는다.

7. 취향에 따라 굽거나 쪄먹는다.

만두 많이
만들었으니까
포장해서 가져가
빚다 보니 많아졌네.
보기만 해도 든든해.
응!

전봇대가 드물게 서 있는 골목을 거니는 어린 소녀가 보였다. 자박자박 걷던 아이의 걸음이 멈춰 선 곳은 구수한 연기가 풍겨오는 노포 앞이었다. 무감한 표정의 여주인이 찜통의 뚜껑을 열자 김이 솟아올랐다. 소녀의 시선을 잡아끈 만두송이는 손바닥보다 두툼하고 크기가 컸다. 둥글넓적하고, 넉넉해서 소꿉놀이할 때 사용하기 알맞은 접시 같았다. 반절만 먹어도 배가 부를 만큼 큰 왕만두를 보며 소녀의 입에 침이 고였다. 그러나 소녀는 입맛을 다시며 돌아섰다.

"그때 그 주변을 배회하면서 얼마나 그 만두가 먹고 싶었던지."

엄마는 종종 만둣집 앞에서 기웃거리던 유년 시절 일화를 터놓았다. 어릴 때의 기억을 되짚는 엄마 곁에서 난 만두 속을 한 스푼 떠서 밀가루가 묻은 피의 중심에 놓았다.

내가 생각하기에 가장 어렵고 만들기 까다로운 음식은 만두가 아닐까 싶다. 보기에는 단순해 보여도 손이 꽤 많이 간다. 꾸민 듯 안 꾸민 듯 자연스레 화장하는 게 어려운 것처럼 쫄깃한 만두피를 만드는 과정도, 안에 들어가는 재료를 조화롭게 양념하는 것도 만만하지 않다. 어떤 재료를 배합하느냐에 따라 만두의 맛은 완전히 달라진다. 그간 여러 만두를 먹어봤지만 내가 좋아하는 건 단연 엄마가 만들어준 김치만두다. 어렸을 때 엄마는 설날을 앞두고 소를 넉넉히 넣은 만두를 만들어주었다. 초등학교 때부터 찰흙 놀이에 재능을 보였던 난 만두 빚기에 적극적으로 임하였다. 엄마에게는 번거로운 일이었을 테지만 난 그 과정을 즐거워했다. 엄마는 특히 만두의 테두리를 짧게 접어 안쪽으로 말아 넣은 뒤 교태로운 형태로 빚는 데 능했다. 난 그와 같은 감각적인 방식으로 만두를 빚는 데 실패하여 이 끝과 저 끝을 둥글게 말아 붙여 보름달처럼 만들었다.

자취하게 된 후로는 만두를 먹을 일이 없었다. 그러던 어느 날 요리 프로그램에서 속이 꽉 찬 만두를 보자 군침이 돌았다. 만두의 맛을 상기해 버린 난 곧장 레시피를 검색했다. 나름대로 고군분투하여 만든 나의 첫 만두는 엄마의 맛을 따라잡기에 한참 부족했다. 그러나 꿩 대신 닭이라고, 이렇게라도 만들어 먹는 것에 만족했다. 만두 가게 앞을 서성이던 어린 내가 연상되는 동시에, 엄마와 이야기를 나누며 만두를 빚던 장면도 떠올랐다. 여러 생각이 겹쳐둔 반죽 피처럼 이어지다 보니 만두는 두 개, 세 개, 네 개 쌓여갔다.

간혹 머릿속이 복잡할 때 만두를 빚는 건 유용한 소일거리가 된다. 둥근 만두피 안에 적당량의 소를 채우고, 달걀 물을 가장자리에 발라준 뒤에 꾹 눌러서 마무리한다. 모양은 보름달 모양부터 고깔 모양까지 제각각이다. 만두소는 신김치에 두부 한 모, 숙주나물, 당면과 달걀, 부추, 고춧가루와 마늘 세 스푼, 파와 소금, 후추와 참기름을 넣고 섞는다. 고기를 넣지 않고 만든 것이라 누린내 없이 깔끔하다. 넉넉한 양을 만들어두면, 떡국에 넣어 먹거나, 떡볶이를 만들 때 사리로 넣기 좋다. 또는 굽거나 쪄먹기도 한다. 특별히 먹을 만한 게 없을 때 냉장고의 구원투수가 되어준다.

고향에 내려가면 엄마와 이모는 만드는 것을 좋아하는 날 위해 '만두를 빚자'라는 제안을 건넸다. 이번에는 골라 먹기 좋게 고기소와 김치소를 만들어 두 가지 맛의 만두를 만들었다. 만두를 빚고, 찌는 동안 세 사람은 다양한 옛날 이야기를 이어갔다. 엄마가 처음 시골로 시집 올 때의 일, 집을 벗어나려 했으나 결국 우리 곁을 지켰던 때의 상황, 시골을 벗어나 아파트로 이사 왔을 때의 설렘 등 만두 속에는 과거의 상처와 응집된 감정, 한스러운 눈물이 가득했다. 마치 옆구리가 터진 만두처럼 말이다.

만드는 동안 속을 많이 넣어서 모양이 뭉개지더라도 모양이 예쁘지 않은 만두를 버리지 않았다. 터진 부분은 새 반죽으로 메꾸고 토닥이며 모양을 잡고, 맛있게 쪄지기를 기다렸다. 다음으로 새로운 만두를 빚을 땐 욕심을 내려두고 가벼운 마음으로 만들었다. 너무 많은 양의 소를 넣지 않도록 주의하며 테두리가 벌어지지 않게 손끝에 힘을 주었다. 입에 넣기에 알맞은 크기의 정갈한 만두가 완성되는 사이 번잡했던 마음은 어느새 비워져 있었다.

바삭한 거리감

감자 크로켓

재료

감자 3개
양파 1/4개
달걀 2개
빵가루 적당량
밀가루 적당량

양념

소금 적당량
후추 적당량

요리 순서

1. 감자를 삶는다.
2. 삶은 감자는 껍질을 벗기고 으깬다.
3. 잘게 다진 양파를 감자에 섞는다.
4. 으깬 감자에 마요네즈, 소금, 후추를 넣는다.
5. 반죽을 적당량 떼어 빚는다.
6. 반죽에 밀가루, 계간 물, 빵가루를 순서대로 묻힌다.
7. 냄비에 기름을 붓고 노릇하게 튀기면 완성!

빵가루
밀가루
Rich mayonnaise

포슬포슬 찐 감자를 으깬 뒤에 채 썬 당근과 양파, 피망을 뒤섞는다. 후추와 소금을 뒤섞은 반죽은 적당한 크기로 공굴린다. 그 뒤에는 달걀 물과 빵가루, 밀가루를 일렬로 나열해 두고, 반죽을 다이빙할 준비를 한다. 첫 번째 반죽부터 밀가루 위에서 굴린 뒤 달걀 물에 빠뜨린다. 마지막으로 빵가루에 골고루 적시면 기름 물에 빠질 준비가 완료된다. 달궈진 기름에 입장할 준비를 마친 감자 선수가 등장하면, 맛있는 축제 소리가 부엌을 채운다. 오늘도 고생했다고 토닥이는 기분 좋은 소리에 몰입하면 뱃속 신호음은 거세진다.

뱃고동 소리가 커지면 준비하는 손놀림은 빨라지고, 입에 대지도 않던 튀김의 짝꿍 같은 맥주가 먹고 싶다. 음식 사이에 암묵적으로 끌릴 수밖에 없는 궁합이 있기라도 한 걸까. 기름지고 바삭한 튀김옷의 고소한 쾌감, 그 뒤에 타분한 끝맛을 종결하는 탄산의 톡 쏘는 아릿함은 모든 스트레스로부터 나를 자유롭게 하는 것 같다. 크로켓과 탄산을 먹을 때만큼은 마음이 너그러워지며 예민한 사안도 유쾌한 농담거리가 되는 건 퍽 우스운 일이다. 그만큼 맛있는 음식을 먹을 때, 이성은 작동을 멈추고 '먹고 마시고 사랑하는 일'에 충실해진다.

넓지 않은 부엌에서 튀김 요리를 하는 건 만만한 일은 아니다. 가뜩이나 오래된 주택이라 환풍기는 제 역할을 못 했고, 손이 많이 가는 음식을 할 땐 창을 이중으로 열어야 한다. 기름과 매캐한 연기가 집안을 점령하면 식사가 아니라 전쟁통이 되는 지경이라 튀김 요리는 시작부터 망설여진다. 그럼에도 감자 크로켓은 사려 깊은 요리라고 생각한다. 바삭한 표면과 달리 누긋누긋한 속은 고르게 익힌 감자와 채소가 포근하게 어우러져 있다. 한 입 먹으면 검은 속도 하얘지고, 가쁜 숨도 잦아드는 것 같다.

크로켓 하면 어김없이 떠오르는 인물은 무라카미 하루키다. 그는 반려묘에게 크로켓이라는 애칭을 붙일 정도로 이 음식을 좋아한다고 고백했다. 『저녁 무렵에 면도하기』무라카미 하루키, 비채, 2013에서 하루키는 냉장고가 고장 나는 바람에 냉동고에 보관한 크로켓이 전부 녹아 이틀 내내 먹어야 했던 일에 관해 서술한다. 그토록 좋아하는 크로켓이지만 진력이 날 정도로 먹어야 하는 사정에 놓이자 하루키는 꿈 속에서 크로켓 군단에 폭행을 당하기까지 했단다. 그가 이틀 내내 얼마나 크로켓에 시달렸는지 짐작할 수 있는 대목이다.

난 겉면이 파삭하게 튀겨진 감자 크로켓을 챙이 넓은 그릇에 담았다. 한쪽에는 끓이면 끓일수록 맛을 더한 어제의 카레를 담았다. 전날보다 눅진해진 카레를 소스 삼아 튀김을 먹자, 하루키를 공격한 크로켓 군단이 상상됐다. 내일은 달걀 프라이나 돈가스를 더해서 남은 카레를 먹는 게 가능하겠지만, 크로켓을 단독으로 처리하는 건 곤란한 일일 것 같다. 다 녹은 크로켓을 보며 느꼈을 하루키의 난감함을 어렴풋이 짐작할 수 있었다.

카레란 향신료로 맛을 내는 것이기에 끓일수록 각종 재료가 어우러지며 복합적으로 맛을 내지만 크로켓은 열기를 잃으면 눅진한 기름 맛만 남아서 질리는 게 문제였다. 역시 뭐든, 적기가 있는 법인 것 같다. 비단 적절한 시기와 때라는 건 음식에만 적용되는 문제는 아닌 듯하다. 가령 어떤 인연은 카레처럼 끓일수록 깊은 맛을 내며 두고두고 곁에 두고 싶은 최고의 소울푸드 역할을 하지만, 어떤 이는 한 시절의 짜릿한 맛을 선사하고 홀연히 떠나기도 한다. 크로켓과 같은 인연과 카레 같은 인연. 무엇이 더 가치 있고 옳은 건지는 모르겠다. 어떤 날은 재치 있는 크로켓의 맛이 그리운 법이고, 또 어떤 때는 진하고 깊은 맛에 위로받고 싶은 날도 있는 법이기에.

재료

식빵

사과 3개

설탕 4큰술

올리고당 4큰술

달걀 1개

버터 약간

시나몬 가루 적당량

요리 순서

1. 사과를 잘게 깍둑썰기한다.
2. 달군 팬에 버터를 녹이고 사과를 넣어 볶는다.
3. 설탕, 레몬즙, 올리고당을 넣고 자작하게 졸인다.
4. 식빵 테두리를 자르고 밀대로 납작하게 밀어준다.
5. 식빵에 졸인 사과를 넣고 반으로 접은 뒤 테두리를 포크로 눌러 붙인다.
6. 식빵 표면에 달걀물을 바른 뒤 팬에 노릇하게 굽는다.

Lemon
계피가루
올리고당

K는 몸이 약해서 환절기마다 감기로 고생하는 일이 예삿일이었지만 건강에 무신경했다. 유약한 K가 건강의 중요성을 인식한 건 2년여 전 그 일이 있고부터였다. 다급한 그녀의 연락을 받은 건 한낮 오후였다. K는 헐떡이는 음성으로 이야기를 쏟아냈다. 해야 할 말은 많은데, 감정이 앞서서 어떻게 설명해야 하지 막막한 듯했다. 난 일단 진정하라고 타이를 수 없었다. 내가 K였더라도 그 상황에 부닥쳤다면 똑같이 반응했을 것이다.

"괜찮아. 괜찮으니까, 네가 있는 곳으로 갈게."

난 하던 일을 마무리한 뒤에 K가 있는 병원으로 향했다. K의 어머니는 유방암 말기였다. 절망적인 결과에 K는 넋이 나가 있었다. 처음에는 현실을 부정했고, 그 뒤에는 왜 하필 이 병의 저주가 엄마에게 가닿았는가에 대해 원망했으며 다음으로는 이 병을 뒤늦게 알게 된 자신의 무심함을 탓했다. 난 곁에서 해줄 수 있는 게 없었다. 삶과 죽음이라는 여정은 멋대로 과실을 맺지만, 그것이 썩는 시기는 인간이 점칠 수 있는 게 아니었다. 7개월 뒤 K의 어머니는 하늘나라로 떠났다. 살아 있는 자가 할 수 있는 건 고인이 된 분을 애도하는 것뿐이었다. 난 최대한 그녀의 어머니가 오랜 시간 K의 곁에 있기를 기도했지만 바람은 이루어지지 않았다. 그 간절함에 응답할 거라는 기대를 하기에 삶은 늘 비정한 쪽으로 흘러갔다. 그러므로 나의 기도를 들어주지 않은 신을 원망하거나 절망할 기력조차 없었다. 당사자인 K는 곁에서 지켜보는 나보다 더욱 참담한 심정이었을 거다.

잎이 나고, 꽃이 피고, 열매를 맺고, 나무가 자라고, 다시 잎이 떨어지는 자연의 순환과 마찬가지로 살고 죽는 건 순리인데도 그것을 지켜보는 것은 사형 선고처럼 괴로운 일이다. 탄생이라는 우연과 죽음이라는 저주는 나와 K 또한 비껴갈 수 없지만, 가까운 이들의 부고에 초연해지기에 우린 아직 철이 덜 들었다. 그녀는 영양분을 흡수하지 못하여 말라가는 나뭇가지처럼 여위어갔다. K는 엄마와 같이 자신도 암으로 죽게 될 것 같다고 말하곤 했다. 그 이야기는 어쩐지 구약 성서에 나온 예언처럼 느껴졌다. 요한복음 14장 29절, 일이 일어나기 전에 너희에게 말한 것은 일이 일어날 때 너희에게 믿게 하기 위함이라고 쓴 예수의 말과 같이 확고했다. 난 그 말이 이루어질까 봐 지레 두려워서 K의 건강을 그녀 자신보다 더 염려했다.

시일이 얼마나 흘렀을까. K는 어머니가 떠나고 삼 개월 뒤부터 바뀌었다. 요리에 관심조차 없던 K는 어느 날 전화로 "나 토마토 달걀덮밥을 만들었어."라고 운을 뗐다. 끼니를 거르기 일쑤였던 그녀가 신선한 재료로 음식을 만들었다는 것이 놀라우면서도 반갑게 느껴졌다. "계속 방치하다가는 어느 순간 나도 엄마처럼 죽겠구나 싶더라고. 근데 그건 엄마가 바라는 내 모습이 아닌 듯해. 통화 할 때마다 엄마는 끼니 잘 챙기라고 말했는데."

K는 그 뒤로 이런저런 레시피를 물었고 난 아는 선에서 정보를 공유했다. 때로는 찬거리를 사러 시장에 함께 가기도 했다. 혼자 장을 볼 땐 애매하게 양이 많아서 곤란했는데, K와 같이 채소나 과일을 나눌 수 있는 점이 좋았다. 조금씩 건강한 음식을 만들어 먹기 시작하자 그녀의 얼굴에 드리워져 있던 어둠도 희미해졌다.

"엄마가 과일을 참 싫어했는데, 나도 그런 점을 닮았나 봐."

장 봐온 물건을 나누기 위해 k의 집에 들렀던 날. 손도 대지 않은 사과가 선물 박스 안에 방치된 연유를 묻자 k가 무심히 답했다.

"종합비타민 열심히 챙겨 먹는 것보다 과일 챙겨 먹는 게 더 좋아."

“그렇지만 딱히 끌리지 않는걸. 특히 사과는.”

K는 그림의 떡이라도 되는 듯 사과를 요리조리 살피더니 슬쩍 내려놓았다. 혀를 짧게 차던 그녀는 “사과 파이면 모를까.”라고 중얼거리며 차를 따라 건넸다. 난 그 말에 눈을 빛냈다.

난 길게 이어서 깎아낸 사과껍질처럼 입꼬리를 말아 올리며 방치된 사과를 살리는 방도가 있다고 말했다. 곧바로 우리는 처치 곤란한 부사를 식초로 문질러 닦은 뒤 깍둑썰기에 돌입했다. 썰어둔 사과는 깊이가 있는 냄비에 담고 설탕과 올리고당, 레몬즙을 넣었다. 중불에서 자작하게 졸이면서 사과를 볶자 향긋한 단내가 솔솔 풍겼다. 이때는 자작하게 졸이기보다 살짝 묽은 점도를 유지하는 게 중요하다. 다음으로는 식빵 테두리를 제거 후 밀대로 납작하게 만들고, 졸인 잼을 넣어 앞뒤로 프라이팬에 구웠다.

간단한 과정을 통해 못난이 사과는 맛있는 파이로 탈바꿈했다. 한 입 먹자 달콤한 맛이 입안을 촘촘하게 채웠다. 달콤하고 아삭하고, 산뜻한 맛. 거기에 계핏가루를 추가하자, K가 포르르 몸을 떨며 작게 감탄했다. 혀끝에서 맴돌다가 번지는 새큼하고도 서근서근한 사과와 계피의 톡 쏘는 어른스러움은 쌉싸래한 차 맛을 쇄도하게 만드는 힘이 있었다. K는 그 날 앉은 자리에서 사과 파이를 두 개나 먹었다.

"다음에도 사과 먹을 거야?"

내 물음에, K는 잠시 고민하다가 대답했다.

"음, 사과는 모르겠는데, 사과 파이는 먹을래."

K는 입가에 묻는 가루를 털어내더니 식탁 위에 올려둔 엄마의 사진에 시선을 보냈다. 문득 그녀가 어떤 생각을 하는지 알 것 같았다. 아마 사과를 싫어하는 엄마라도 이 사과 파이라면 맛있게 먹지 않을까 하고 생각한 게 아닐까.

눈사람과의 추억을 기억하는 방법

팥빙수

재료

우유

얼음

팥 통조림

취향에 맞는 과일과 떡

연유

요리 순서

1. 우유에 연유를 섞는다.

2. 지퍼백에 연유를 섞은 얼음을 넣고 얼린다.

3. 우유 얼음을 빙수 기계나 믹서기에 곱게 갈아준다.

4. 취향에 따라 다양한 토핑을 곁들인다.

연유
빙수젤리
통단팥

맵고 싸늘한 바람이 부는 이맘때 빙수가 먹고 싶다. 자칭 겨울 음식으로 손꼽는 빙수가 먹고 싶어지면 찬장 안쪽에 넣어둔 빙삭기를 꺼낸다. 집에서 빙수를 만들 땐 얼음 결정이 살아 있도록 적당히 갈아준다. 분쇄용 칼날에 얼음이 갈려 투명한 그릇에 쌓인다. 바람에 날릴 듯 가볍고, 물에 쉽게 녹아내리는 가엾은 얼음은 곧 들이붓게 될 우유에 녹아내릴 것이다.

난 빙수를 만들 때면 방정환 선생이 『별건곤』국학자료원, 1996에 쓴 「계절의 효능」이라는 글을 떠올린다. 그 시대에도 혀가 쏙 빠질 만큼 열띤 더위를 이겨내기에 시원한 빙수만 한 게 없었나 보다. 글 속에는 빙수를 만드는 과정을 섬세하게 묘사해 두었다. 글을 읽는 내내 빙수를 만드는 모습이 연상되는 점이 재미있어 몇 번이나 읽었다. 그 시대에 즐겨 먹은 건, 형형색색으로 물들인 색동 빙수였다. 사랑하는 이의 보드라운 혀끝 맛과 같다는 표현은 빙수에 대한 진중한 고백이다.

소복하게 얼음이 쌓이면, 우유와 연유를 붓는다. 그 뒤에 얼음산 주변을 팥 통조림으로 에워싸고 먹기 좋은 크기로 자른 떡을 군데군데 놓는다. 간단하지만 기본에 충실한 이

빙수는 버린 얼음 날이 녹아내리며 완충된 맛을 뿜어낸다. 형태가 망가지지 않도록 테두리부터 긁어먹다 보면 중간중간 씹히는 떡의 쫀득함을 함께 즐길 수 있다.

난 함박눈이 내리는 겨울이 오면 투명한 꼬리를 흔들며 바깥을 쏘다녔다. 촘촘히 내린 눈을 보면 습관처럼 눈덩이를 뭉쳤다. 뭉친 눈으로 만든 눈사람을 안아 들고 집으로 향했다. 얼마간 눈사람은 냉동고에서 지냈지만, 각종 냉동식품에 의해 설 자리를 잃었다. 눈사람의 거취를 고민하던 난 몇 달 전과 비교했을 때 눈에 띄게 작아진 형태를 그릇에 옮겨 담았다. 그릇 위에서 고요하게 녹아가는 눈사람을 지켜봤다. 약간 물기가 베어 나오는 옆구리를 숟가락으로 누르자 미동이 없었다. 은근슬쩍 힘을 주자 쉽게 홈이 파졌다. 수저에 담긴 얼음을 자연스레 입으로 가져갔다. 기복 없는 찬기가 입안에서 금세 사라졌다. 연유나 팥에 침범을 받지 않은 빙수의 얼음 결정 맛이었다.

눈사람을 빙수처럼 먹는 건 어떨까. 불현듯 떠오른 생각에 연유를 조금 부어 먹었다. 달콤한 찬기가 입안을 적셨다. 뒷부분을 한 스푼 긁어내자, 녹는 시간이 조금 더 빨라졌다. 그 순간 최승호 시인의 『눈사람 자살 사건』최승호, 달아실, 2019이 떠올랐다. 시에는 따뜻한 물에 녹는 과정이 서술되지만, 나의 눈사람은 달콤한 연유에 뒤덮여 천천히 녹아내렸다. 난 눈앞이 자욱하도록 눈이 내린 겨울을 회상하며 눈사람 빙수를 먹었다. 뽀드득한 눈은 빙수의 얼음 결정보다 조금 더 매끈했다. 얼음 입자가 크지 않아 표연히 사라진 뒤에 산뜻함만 남았다. 부드럽고 온화한 맛이었다.

12월. 조금 늦은 첫눈 예보가 라디오에서 흘러나왔다. 난 작년 여름 먹었던 눈사람 빙수를 회상하며 냉동고의 얼음을 꺼냈다. 1인 가구의 작은 냉장고에 더는 눈사람을 들이지 못하지만, 이맘때에는 꼭 빙수를 먹는다.

"눈사람은 없어도 빙수는 먹을 수 있지."

팥과 연유만 넣어 만든 빙수를 들고, 소파에 몸을 묻었다. 창밖으로 흐린 하늘이 보였다. 불투명하고 묵직한 찬기가 감도는 광경을 보며 머지않아 눈이 내리게 될 것을 예견할 수 있었다. 난 올해의 첫눈을 기다리며 빙삭기로 갈아낸 소복한 얼음을 입안에 머금었다.

울다가도
배는 고프고

초판인쇄 2025년 3월 31일
초판발행 2025년 3월 31일

지은이 라비니야
발행인 채종준

출판총괄 박능원
책임편집 구현희 · 최정원
디자인 공진혁
마케팅 문선영
전자책 정담자리
국제업무 채보라

브랜드 크루
주소 경기도 파주시 회동길 230 (문발동)
문의 ksibook13@kstudy.com

발행처 한국학술정보(주)
출판신고 2003년 9월 25일 제406-2003-000012호

ISBN 979-11-7318-236-5 13590

크루는 한국학술정보(주)의 자기계발, 취미 등 실용도서 출판 브랜드입니다.
크고 넓은 세상의 이로운 정보를 모아 독자와 나눈다는 의미를 담았습니다.
오늘보다 내일 한 발짝 더 나아갈 수 있도록, 삶의 원동력이 되는 책을 만들고자 합니다.